Sylvia Esch-Völkel

Gesund für den Hund

Sylvia Esch-Völkel

Gesund für den Hund

Kalidor-Verlag

Sylvia Esch-Völkel
Gesund für den Hund
ISBN: 978-3-937817-26-2
1. Auflage, Schönefeld 2023

12529 Schönefeld OT Großziethen
Fotografien in diesem Buch: Sylvia Esch-Völkel

Von Sylvia Esch-Völkel bereits erschienen:
»Buntes für den Hund« | ISBN: 978-3-937817-15-6
»Kräutertees für Hunde« | ISBN: 978-3-937817-22-4
»Waffeln für Hunde« | ISBN: 978-3-937817-23-1
»Hunde – Mit Farben heilen« | ISBN: 978-3-937817-05-7
»Katzen – Mit Farben heilen« | ISBN: 978-3-937817-04-0
»Kraft- und Schutzschilde« | ISBN: 978-3-937817-08-8

Inhalt

»Alle Dinge sind Gift, und nichts ist ohne Gift;
allein die Dosis machts, daß ein Ding kein Gift sei.«
~ *Paracelsus*

Für ein gesundes Leben im Einklang mit der Natur ~
für unsere vierbeinigen Schützlinge!

Kräutertee-Spülung

Kräuter Verschiedene Kräuter lassen sich hervorragend äußerlich als Teezubereitung anwenden. Bei Hunden kommen Auflagen, Kompressen oder eine Spülung in Frage.
Kompressen werden auf kleinere Bereiche wie z. B. Augen, Ohren und kleinere Wunden gelegt. Auflagen hingegen bedecken größere Flächen wie z. B. den Bauch, den Nierenbereich oder größere Hautpartien.
Der jeweilige Tee wird nach Anweisung gekocht. Nachdem dieser abgekühlt (handwarm) ist, tunken Sie eine sterile Kompresse in den Tee und legen diese, je nach Bedarf, vorsichtig auf die Augen, Ohren oder kleineren Wunden Ihres Hundes. Gewöhnen Sie Ihren Hund langsam daran und versuchen Sie es nicht mit Gewalt. Sterile Kompressen erhalten Sie in einer Apotheke.
Auch bei Auflagen wird ein Tee-Aufguss verwendet. Anstelle einer Kompresse wird ein sauberes Tuch benutzt, dazu eignet sich ein frisch gewaschenes Geschirrtuch (Kochwäsche). Dieses wird in den Tee getunkt und auf den Bereich gelegt, wo er wirken soll. Am besten sollte der Tee hierfür noch warm sein (körperwarm), vor allem bei Bauchkrämpfen oder wenn er im Nierenbereich wirken soll. Hierbei sollte die Auflage z. B. mit einer Wärmflasche warmgehalten werden. Bei Ekzemen oder einer Überreaktion der Haut ist jedoch eine kühle Auflage besser. Auflagen können bis zu 20 Minuten am Stück angewendet werden, richten Sie sich hierbei auch nach Ihrem Hund. Wird er bereits nach 5 Minuten unruhig und war vorher brav liegen geblieben, ist die Zeit verstrichen, in der es ihm gut tut und die Auflage sollte entfernt werden. Auflagen können auch zweimal am Tag angewendet werden.
Um eine gewünschte Wirkung zu erzielen, sollten Auflagen und Kompressen mehrmals an aufeinanderfolgenden Tagen wiederholt werden.
In diesem Buch möchte ich jedoch nur auf Spülungen näher eingehen. Spülungen beim Hund sind sowohl auf trockenem, als auch nassem Fell anwendbar, lokal oder ganzkörpermäßig, es kommt immer auf die Problematik an. Je nachdem, richtet sich natürlich auch die Menge an Tee, welche hergestellt werden muss. Benötigen Sie eine größere Menge an

Tee, verdoppeln Sie einfach die angegebene Menge. Also wenn z. B. für 250 ml Wasser 2 TL Kräuter angegeben wurde, nehmen Sie 500 ml Wasser und 4 TL Kräuter, wenn Sie jedoch 1 Liter Tee benötigen, dann verwenden Sie einen Liter Wasser und 8 TL Kräuter. Anders als bei einem Shampoo sollte die Spülung nach der Anwendung nicht wieder abgespült werden, sie verbleibt also auf der Haut und dem Fell. Sie können die Stellen direkt mit der Spülung übergießen, oder die Zubereitung mit einer Einwegspritze oder Pipette aufziehen und die Flüssigkeit stellenweise auftragen. Wie oft Sie diese anwenden, hängt von dem jeweiligen Problem ab. Manchmal genügt es, sie nur ab und zu anzuwenden, bei Wunden jedoch mehrmals täglich. Hier sollte man sich an die Empfehlung des Therapeuten halten. Prophylaktische Anwendungen für ein besseres Haarkleid z. B. zwei bis drei Mal wöchentlich und das als eine 4 – 6 wöchige Kur. Eine weitere prophylaktische Anwendung wäre, wenn Sie nach jeder Haarwäsche eine Spülung anwenden, z. B. mit Brennnesseln oder Löwenzahnblüten. Die meisten Hundebesitzer wenden eine Spülung meist nur dann an, wenn sich ein Problem eingestellt hat, also wenn ihr Liebling Symptome zeigt.
Bei der Menge der Kräuter, die zur Anwendung kommen, ist zu beachten, ob Sie frische oder getrocknete Kräuter verwenden wollen. Die hier empfohlenen Kräuter werden in getrockneter Form angewendet. Leider gibt es keine genaue Umrechnung für alle Kräuter. Ein EL frische Kräuter entspricht ungefähr einem TL getrocknete Kräuter. Rosmarin z. B. ist ein sehr intensives Kraut. Abhängig von der Frische des Getrockneten ist 1/2 TL getrocknet pro 1 EL frisch eine genauere Umwandlung. Für andere Kräuter wie Salbei oder Minze funktioniert die Umrechnung von 1 TL pro 1 EL aber gut.
Möchte man eine Mengenangabe als Gewicht, so entsprechen ungefähr 500 g frische Kräuter 150 g getrockneten Kräutern. Es kommt aber bei Tees zur äußerlichen Anwendung nicht auf ein Gramm an.
Ich bin kein Fan einer reinen Symptomenbehandlung, daher sollte die Ursache immer abgeklärt werden. Eine Kräutertee-Spülung zusätzlich oder vorbeugend oder als Erste-Hilfe-Maßnahme anzuwenden, dem widerspricht jedoch nichts.

Die 17 wichtigsten Kräuter und ihre Anwendung:

Ackerschachtelhalm ist hilfreich bei Ekzemen, trockener Haut, Juckreiz, Hautentzündungen und Haarausfall.
Geben Sie 2 EL getrockneten Ackerschachtelhalm auf 500 ml Wasser und kochen dies gemeinsam auf, danach lassen Sie das Ganze für 30 Minuten ziehen, bevor die Kräuter abgeseiht werden. Sie können auch das Ganze für 20 Minuten köcheln lassen, bevor Sie die Kräuter abseihen.
Eine weitere Herstellungsmethode ist diese, wenn Sie 50 g Ackerschachtelhalm mit 1 L kochendem Wasser übergießen, eine Stunde ruhen lassen und dann auf ca. 80 Grad für eine Stunde köcheln lassen, danach für weitere 15 Minuten bei einer Temperatur von 90 Grad vorsichtig köcheln lassen. Filtern Sie das Kraut erst ab, wenn die Spülung Zimmertemperatur erreicht hat.

Bärlapp wirkt kühlend und schmerzstillend, ist somit sehr gut geeignet bei nässenden Hautausschlägen und Wunden.
Übergießen Sie 1 TL Bärlappsporen mit 250 ml kochendem Wasser und lassen ihn 1 Minute (!) ziehen, bevor Sie ihn abseihen. Bärlapp sollte niemals gekocht, nur mit heißem Wasser übergossen werden. Verwenden Sie kein Teesieb, sondern Teefiltertüten oder filtern Sie die Spülung durch ein Leinentuch.

Basilikum lindert Juckreiz und kann ebenso bei gereizter, geröteter Haut angewandt werden. Eine kurweise Anwendung führt zu einem besseren Haarkleid und stoppt den Haarausfall. Für einen Tee übergießen Sie 2 TL getrocknetes Basilikum mit 250 ml kochendem Wasser und lassen ihn 15 Minuten ziehen, bevor Sie ihn abseihen.

Birke wirkt beruhigend und hautreinigend, ist auch bei Wunden anwendbar. Übergießen Sie 2 TL getrocknete Birkenblätter mit 250 ml kochendem Wasser, lassen dies 15-20 Minuten ziehen, bevor Sie es abfiltern.

Bohnenschalen lindern Juckreiz, helfen bei Ekzemen und schlecht heilenden Wunden. Geben Sie 1 EL getrocknete Bohnenschalen in 150 ml kaltes Wasser und kochen dieses gemeinsam auf, danach lassen Sie das Ganze für 20 Minuten ziehen, bevor Sie die Schalen abseihen.

Die **Brennnessel** ist hilfreich bei starkem Haarausfall, fettigem Fell und Schuppenbildung, lindert Hautirritationen, wirkt entzündungshemmend und durchblutungsfördernd. Letztere Eigenschaft sorgt dafür, dass die obere Hautschicht besser durchblutet wird, somit die Zellen vermehrt mit Sauerstoff und wichtigen Nährstoffen versorgt werden. Die Zellen können sich so leichter teilen und die abgestorbenen Zellen ersetzen. Die Haut wird dadurch verjüngt.
Nehmen Sie 2-3 EL der getrockneten Kräuter und übergießen diese mit 500 ml kochendem Wasser, lassen Sie das Ganze 5 Minuten köcheln, bevor Sie die Kräuter abseihen.

Eichenrinde, die Spülung wird meist nur lokal auf eitrige oder schlecht heilende, nässende Wunden aufgetragen. Hunde mit sogenannten Schweißfüßen können damit ein Fußbad nehmen.
Um eine Spülung herzustellen, übergießen Sie 2 TL getrocknete Eichenrinde mit 250 ml kochendem Wasser und lassen dies 10-15 Minuten ziehen, bis Sie es abseihen.
Eine weitere Möglichkeit ist die Eichenrinde-Abkochung. Hierfür werden 500 g Eichenrinde mit zwei Liter kaltem Wasser übergossen und zum Kochen gebracht. Lassen Sie das Ganze so lange köcheln, bis das Wasser zur Hälfte verkocht ist. Danach seihen Sie es ab. Mit dieser Methode haben Sie eine noch intensivere Wirkung.

Erdbeerblätter helfen bei unreiner Haut und Hautausschlägen.
Übergießen Sie 2 TL getrocknete Erdbeerblätter mit 250 ml kochendem Wasser, dieses lassen Sie 15 Minuten ziehen, bevor Sie es abseihen.

Kamillenblüten wirken entzündungshemmend, sie beruhigen die Haut, wunde Stellen der Haut lassen sich damit ebenso gut behandeln wie oberflächliche und tiefere Verletzungen.
Nehmen Sie 2-3 EL der getrockneten Blüten und übergießen Sie diese mit 500 ml kochendem Wasser. Lassen Sie das Ganze 15-20 Minuten ziehen, bevor Sie die Kräuter abseihen.

Lavendelblüten helfen bei Juckreiz, wirken entzündungshemmend und desinfizierend. Ebenso können sie bei entzündeten Wunden und bei Verbrennungen der Haut ihre Anwendung finden. Übergießen Sie 1 EL Blüten mit 250 ml kochendem Wasser und lassen das Ganze 3-4 Stunden ziehen. Danach werden die Blüten abgeseiht.

Lindenblüten wirken gegen trockenes sprödes Haar und helfen bei der Wundheilung. Das Fell wird durch eine Lindenblüten-Spülung geschmeidiger.
Geben Sie 2 TL getrocknete Lindenblüten in 250 ml kaltes Wasser und lassen das Ganze 30 Minuten köcheln. Danach werden die Blüten abgeseiht.

Löwenzahnblüten kräftigen das Haar, beruhigen die Haut und regen die Durchblutung und den Hautstoffwechsel an. Eine Löwenzahnblüten-Spülung kann auch bei Ekzemen angewandt werden.
Übergießen Sie 2 EL getrocknete Blüten mit 250 ml kochendem Wasser und lassen sie für 10 Minuten ziehen, bevor Sie die Blüten abseihen.

Minze beruhigt die Haut, wirkt kühlend, gegen Schuppen und lindert Schmerzen.
Für eine Tee-Spülung übergießen Sie 2 EL getrocknete Minze mit 500 ml kochendem Wasser, dieses lassen Sie 10 Minuten ziehen, bevor Sie sie abseihen.

Olivenblätter wirken hautpflegend, desinfizierend und entzündungshemmend. Sie können bei allen Hauterkrankungen und Wunden ihren Einsatz finden.
Da sich der Tee gekühlt sehr lange hält (bis zu 14 Tagen im Kühlschrank) und etwas aufwendig hergestellt wird, können Sie gleich eine größere Menge herstellen.
Geben Sie ca. 40 g getrocknete Blätter in 1,5 L kaltes Wasser und lassen dieses bei schwacher Hitze (ca. 80 Grad) zugedeckt ziehen. Die Temperatur sollte dabei regelmäßig kontrolliert werden. Nach 6 Stunden öffnen Sie den Kochtopf etwas (einen Spalt breit). Nach 10 Stunden füllen Sie so viel Wasser nach, wie verkocht ist, danach schließen Sie den Deckel wieder. Nach 12 Stunden Sieden bei ca. 80 Grad öffnen Sie den Deckel wieder etwas und lassen es auf Zimmertemperatur abkühlen, danach filtern Sie die Blätter ab.

Rosmarin ist hilfreich bei Schuppenbildung und lindert Entzündungen der Haut. Er wirkt leicht antibakteriell und durchblutungsfördernd. Der Hautstoffwechsel wird angeregt, somit wird eine schlecht durchblutete Haut wieder besser durchblutet.
Überbrühen Sie 1 EL getrocknetes Kraut mit 250 ml Wasser und lassen es 15 Minuten ziehen, danach seihen Sie die Kräuter ab.

Salbei kommt zur Anwendung bei juckender und entzündeter Haut. Auch bei einer Zahnfleischentzündung kann das Maul des Hundes damit ausgespült werden.
Um eine Spülung herzustellen, überbrühen Sie 1 EL getrocknete Blätter mit 250 ml kochendem Wasser und lassen dieses 4 Stunden ziehen. Danach seihen Sie die Blätter ab.

Weinrebe hilft bei aufgesprungenen Ballen (Pfoten), als Spülung der Pfoten nach dem Spaziergang im Eis und Schnee, besonders wenn Salz gestreut wurde. Bei Frostschäden, Ekzemen und eiternden Wunden ist die Spülung ebenfalls anzuwenden.
Übergießen Sie 2 TL getrocknete Blätter mit 250 ml kochendem Wasser, lassen dieses aufkochen und ca. 20 Minuten ziehen, danach seihen Sie die Blätter ab.

Die beste Wirkung wird erzielt, wenn Sie die Herstellungsangaben genau berücksichtigen.
Die fertigen Spülungen lassen sich 2-3 Tage in einem geschlossenen Gefäß im Kühlschrank aufbewahren.
Wer sich schon näher mit Kräutertees beschäftigt hat, hat vielleicht bemerkt, dass es einige Abweichungen zu den Tees gibt, welche innerlich zur Anwendung kommen. Ich kann nur aus meinen Erfahrungen berichten.

Natürlich eignen sich noch viel mehr, auch bekannte Kräuter, wie beispielsweise die Ringelblume, für eine Spülung. Weitere Kräuter, welche ebenfalls zur Anwendung kommen können, finden Sie in meinem Buch „Kräutertees für Hunde“.

Honig-Auszüge

Bereits in der Steinzeit nutzte der Mensch als Nahrungsmittel den Honig. In Höhlenmalereien, welche schon 9000 Jahre alt sind, sind Bilder von Honigjägern zu sehen. Auch zur Bärenjagd wurde der Honig genutzt.
Im Bienenhonig wurden bisher mehr als 240 natürliche Substanzen nachgewiesen. Aminosäuren, Enzyme, Pollen, Vitamine wie z. B. Vitamin C, B_2, B_6, Niacin, Panthotensäure, Mineralstoffe und Spurenelemente wie z. B. Natrium, Kalium, Magnesium, Calcium, Eisen, Mangan gehören dazu.
Es gibt verschiedene Honigsorten mit unterschiedlichem Zuckergehalt. Im Honig sind Zuckerarten wie Glucose, Fructose, Saccharose, Maltose, Melezitose und weitere Zuckerarten enthalten.
Äußerlich aufgetragen, hilft der Honig bei Riss- und Schürfwunden, Brandwunden und chronischen Hautentzündungen. Er wird auf die Hautstelle dabei dünn aufgetragen, baut so eine Barriere gegen Krankheitserreger auf und fördert die Wundheilung.
Innerlich angewandt, hilft der Honig den Stoffwechsel anzuregen, bei Magen- und Darmentzündungen, Entzündungen im Hals- und Rachenraum, bei Appetitlosigkeit, bei der Blutbildung und zur Stärkung des Immunsystems, er stärkt das Herz und den Kreislauf, er wirkt tonisierend, wärmend, reizlindernd, auswurffördernd, antiseptisch, antibakteriell, entzündungshemmend, antioxydativ, wundheilend, beruhigend, mineralisierend, konzentrations- und verdauungsfördernd.
Bei Honig-Auszügen kommen hierbei noch zusätzlich die Wirkstoffe der jeweilig verwendeten Pflanzen zum Tragen. Durch den hohen Zuckergehalt ist der Honig sehr gut als Auszugsmittel geeignet. Dies funktioniert nach dem Prinzip der Osmose. Es werden hierbei frische Pflanzenteile in Honig eingelegt mit dem Ziel, dass der Zellsaft mit seinen Wirkstoffen aus der Zellmembran austritt und in das Lösungsmittel übergeht. Für die Herstellung eines Kräuter-Honigs benötigen Sie ein sauberes Schraub-

glas, welches so groß ist, dass die Menge, welche Sie ansetzen wollen, hineinpasst. Auf Hygiene ist unbedingt zu achten.

Zutaten:
Flüssiger Honig, am besten von einem Imker aus ihrer Nähe oder Bio-Honig aus dem Laden. Achten Sie beim Kauf darauf, dass er kalt verarbeitet wurde, denn ab 40 °C gehen wertvolle Inhaltsstoffe verloren. Frische Blüten oder frisches Kraut, welches zur Anwendung kommen soll.
Das Prinzip der Herstellung läuft immer gleich ab. Anhand eines Beispiels mit Huflattichblüten möchte ich es Ihnen beschreiben:

Huflattichblüten-Honig

Pflücken Sie frische Blüten und geben Sie diese in ein Schraubglas, welches fest verschlossen werden kann. Achten Sie darauf, dass die frischen Blüten „trocken", also nicht mit Wasser benetzt sind.

Wenn Sie Blätter verwenden möchten, wie z. B. bei Spitzwegerich, schneiden Sie die Blätter klein, bevor Sie diese in ein Glas geben und mit Honig übergießen.
Gießen Sie nun den Honig darüber, bis alles gut bedeckt ist. Am besten schichten Sie es in ein Glas: also ein Teil Kräuter, dies mit Honig übergießen, die nächste Schicht Kräuter, wieder Honig darüber gießen usw., bis das Glas voll ist. Die letzte Schicht sollte Honig sein.
Verschließen Sie das Glas mit dem Deckel und lassen das Ganze vier bis sechs Wochen an einem dunklen, nicht zu kühlen Ort ruhen. Das Glas sollte täglich gedreht werden. Nach dieser Zeit, filtern Sie die Blüten ab und füllen den Honig in dunkle Gläser. Der fertige Honig-Auszug ist kühl gelagert ca. ein Jahr haltbar. Angebrochene Gläser sollten im Kühlschrank aufbewahrt werden. Verwenden Sie bei Entnahme des Honigs immer saubere Plastiklöffel.

Sie können Honig-Auszüge mit vielen Blüten und Kräutern herstellen, achten Sie dabei darauf, dass die Zutaten für Hunde geeignet sind.

Bewährt haben sich z. B. Honig-Auszüge mit folgenden Kräutern:

Lavendelblüten
Lindenblüten
Spitzwegerichblätter
Ingwer (klein geschnitten)
Melisseblätter
Huflattichblüten
Tannen- oder Fichtenspitzen
Wiesenschaumkraut
Thymian (Kraut)
Salbeiblätter
Isländisch Moos

Die Wahl des Krautes kommt darauf an, was Sie bewirken möchten.

Lavendelblüten-Honig beruhigt, ist gut für die Psyche und stärkt das Immunsystem.
Lindenblüten-Honig hilft bei Erkältungskrankheiten, wirkt fiebersenkend und schweißtreibend.
Mit Spitzwegerich-Honig kräftigen Sie das Immunsystem Ihres Hundes und er ist u. a. auch hilfreich bei Atemwegserkrankungen.
Ingwer-Honig kräftigt das Immunsystem, ist hilfreich bei Halsschmerzen und besitzt eine schleimlösende Wirkung.
Melissen-Honig hilft bei Magenbeschwerden, bei Erkältungskrankheiten und Anspannung, er wirkt beruhigend.
Huflattich-Honig lindert Husten, kräftigt die Lunge und ist hilfreich bei Magen-Darm-Beschwerden.
Tannen- oder Fichten-Honig (junge Triebe) lindert Husten und Harnwegs-Leiden.
Wiesenschaumkraut-Honig ist hilfreich bei festsitzendem Husten.
Thymian-Honig ist hilfreich bei Erkältungskrankheiten und unterstützt die Wundheilung.
Salbei-Honig hilft bei Halsschmerzen und Reizhusten.
Isländisch-Moos-Honig hilft bei jeglicher Art von Husten.

Wenn Sie sich mit Heilkräutern nicht so gut auskennen, rate ich zu meinem Buch „Kräutertees für Hunde“, dort finden Sie viele Möglichkeiten für Kräuter, die zur Anwendung kommen können.

Oxymel

Die Hauptbestandteile sind Essig und Honig. Dazu kommen Kräuter oder Gewürze. In der heutigen Zeit wird Oxymel hauptsächlich kalt zubereitet, kann aber auch gekocht werden. Es bildet eine gute Alternative zu alkoholischen Tinkturen. Oxymel weist einen sauren pH-Wert von 3 bis 4 auf, es wird jedoch basisch verstoffwechselt. Oxymel enthält viele Elektrolyte, vollwertige Kohlenhydrate und natürliche Säureverbindungen. Es wirkt isotonisch und erreicht die Zellen schneller als reines Wasser. Somit kann es als Heil- und Stärkungsmittel bei vielen Beschwerden eingesetzt werden.

Jede Honigart ist für die Herstellung von Oxymel geeignet. Sie können jedoch die Wirksamkeit des Oxymels beeinflussen, wenn Sie bestimmten Honig auswählen. Beispielsweise wirkt Heidekraut-Honig besonders keimtötend, er ist auch bekannt als der „heimische Manuka-Honig". Lindenblüten-Honig wirkt z. B. schweißtreibend, wogegen Waldhonig u. a. auswurffördernd und immunisierend wirkt. Blütenhonig wirkt u. a. antioxydativ, stimuliert und reguliert die Aktivität des Immunsystems.

Bei der Wahl des Essigs wird gerne und häufig Apfelessig verwendet. Es können aber auch Molkeessig, Honigessig, Getreideessig, wie z. B. Reisessig, Bieressig oder Weinessig verwendet werden. Achten Sie auch hier beim Kauf auf gute Qualität. Der Essig sollte weder Farb- und Konservierungsstoffe noch Verdickungsmittel oder Zucker enthalten. Natürlich können Sie den Essig auch selbst herstellen.

Alle Heilkräuter, welche für Hunde geeignet sind, können für die Herstellung von Oxymel Anwendung finden. Diese können frisch oder getrocknet verwendet werden. Vielleicht haben Sie im Garten oder auf dem Balkon Salbei, Thymian, Lavendel, Minze, Kamille, Rosmarin, Veilchen, Johanniskraut, Spitzwegerich, Kapuzinerkresse oder Ysop? Auch Wurzeln geeigneter Pflanzen eignen sich für die Herstellung. Selbst Beeren und Früchte oder Gewürze wie z. B. Zimt, Curcuma, Koriander sowie Triebspitzen oder Knospen verschiedener Sträucher und Bäume können verwendet werden. Die Herstellungsmöglichkeiten sind breit gefächert und ich kann in diesem Buch nur auf einige davon näher eingehen.

Wenn Sie Kräuter aus dem Garten verwenden, sollten diese „trocken" sein, also sich weder Tau- noch Regentropfen darauf befinden. Wenn Sie keinen Garten besitzen oder auch nicht die Wildkräuter selbst sammeln möchten oder können, weil Sie vielleicht zu wenig Grundkenntnisse besitzen, ist das auch kein Problem. Die meisten Kräuter oder Gewürze, welche verwendet werden können, sind im Handel getrocknet erhältlich. Achten Sie dabei auf gute Qualität, am besten Bio-Produkte.

Wenn Sie frische Kräuter verwenden, sollten diese vorher etwas zerkleinert werden, da die Wirkstoffe so besser „austreten" können. Die Extrak-

tion wird so beschleunigt. Dasselbe gilt bei getrockneten Kräutern oder Gewürzen, hier empfiehlt es sich sogar, diese vorher zu pulverisieren und vorab mit etwas Essig oder auch Wasser anzufeuchten. Außerdem benötigen Sie noch ein sauberes leeres Schraubglas in der entsprechenden Größe. Kochen Sie die Gläser am besten vorher ab. Weiteres Zubehör sind Küchenutensilien wie u. a. Schneidbrett, Messer, Schere, Pürierstab, Sieb, Schüsseln, Löffel, Trichter, welche sich bestimmt in Ihrem Haushalt befinden.
Was Sie nicht benutzen sollten, sind Gegenstände aus Metall. Bei Einigem geht es nicht anders, wie z. B. Schere oder Messer, aber bei Schüsseln, dem Trichter und Löffeln bitte auf Metall verzichten.
Weniger ist oft mehr – verwenden Sie bei der Herstellung von Oxymel nur eine Pflanzenart.
Ganz wichtig bei der Herstellung ist es, auch hier die Hygiene zu beachten und sich an die Mengenangaben im Rezept genau zu halten. Besonders bei Hunden im Wachstum, aber auch bei älteren Hunden, bei Hunden, welche einen Mineralstoffmangel aufweisen, bei Muskelzittern oder in der Rekonvaleszenz hat sich Oxymel in verschiedenen Varianten bewährt.

Grundrezept

Alleine das Grundrezept ist schon geeignet, um den Stoffwechsel zu aktivieren, es wirkt entgiftend, entzündungshemmend, tonisierend, fiebersenkend, auswurffördernd und kräftigt das Immunsystem.

Das Rezept: 3 Teile Honig | 1 Teil Essig
besteht beispielsweise aus

300 g Honig und
100 g Essig
½ TL Berg- oder Himalaya-Salz

Füllen Sie alles in ein Schraubglas, welches gut verschlossen werden kann und rühren es darin gut um, bevor Sie es verschließen. Beschriften nicht vergessen!
Bei kühler und dunkler Lagerung ist es bis zu 3 Jahren haltbar. Eine Kur 2 bis 3 Mal im Jahr von jeweils zwei bis drei Wochen hat sich bei Hunden für die Gesunderhaltung (Vorsorge) bewährt.

Dosierung:
Kleine Hunde: 1 TL mit unter das Futter gemischt
Mittelgroße Hunde: 1 EL 2 x am Tag mit unter das Futter gemischt
Große Hunderasse: 1 EL 3 x täglich mit unter das Futter gemischt

Wenn Sie diese Mischung etwas verändern, also:
- 100 g Honig, z. B. Blüten- oder Akazienhonig
- 200 g Apfelessig

½ TL Berg- oder Himalaya-Salz

1 EL Zimt (gemahlen)

haben Sie ein **Oxymel**, welches den Blutzucker reguliert, somit also die **Diabetes-Behandlung** unterstützt. Die Herstellung, Anwendung und Dosierung ist dieselbe, welche oben beschrieben wurde, und kann über einen längeren Zeitraum verabreicht werden.

Grundrezept mit Kräutern

Die Wirkungsweise dieses Oxymels hängt von der gewählten Pflanze ab.

Zutaten:

300 g Honig

100 g Essig

100-200 g (je nach Intensität) zerkleinerte Kräuter

Zuerst verrühren Sie den Honig mit dem Essig, bis eine homogene Masse entsteht. Schneiden Sie die frischen Kräuter, welche zur Anwendung kommen sollen, klein oder pulverisieren Sie die getrockneten Kräuter und geben diese in ein sauberes Glas, welches dicht verschlossen werden kann. Dazu geben Sie das Honig-Essig-Gemisch. Zum Extrahieren stellen Sie es in einen dunklen Raum und schütteln das Ganze täglich durch. Je nach Pflanze dauert es zwei bis vier Wochen, bis die Pflanzenteile abgeseiht werden können. Das fertige Oxymel füllen Sie am besten in saubere, dunkle Gefäße ab, welche natürlich vorher gereinigt wurden und gut verschlossen werden können. Beschriften nicht vergessen! Lagern Sie das fertige Oxymel in einem kühlen und dunklen Raum, dann ist es ca. 2 Jahre haltbar. Die Dauer der Anwendung hängt von den Beschwerden ab und sollte ca. 3-4 Tage länger verabreicht werden, als die Symptome anhalten, jedoch nicht länger als 4 Wochen am Stück.

Dosierung:
Kleine Hunde: 1 TL mit unter das Futter gemischt
Mittelgroße Hunde: 1 EL 2 x am Tag mit unter das Futter gemischt
Große Hunderasse: 1 EL 3 x täglich mit unter das Futter gemischt

Aktivkohle-Oxymel

Das Oxymel hilft vor allem bei Durchfall-Erkrankungen, es bindet die Toxine im Magen-Darm-Trakt und fördert den basischen Stoffwechsel.

Zutaten:
- 200 g Honig
- 100 g Apfelessig
- 3 TL Aktivkohle aus der Apotheke

Geben Sie alle Zutaten in ein sauberes Glas, welches gut verschlossen werden kann, und rühren alles gut durch. Lassen Sie das Ganze mindestens eine Woche an einem kühlen und kühlen Ort stehen. Auch hier ist ein tägliches Schütteln unumgänglich.
Nach dieser Zeit ist es anwendbar und muss nicht mehr gefiltert werden. Beschriften nicht vergessen! Bei kühler und dunkler Lagerung hält es sich für ein Jahr. Die Dauer der Anwendung hängt von den Beschwerden ab und sollte ca. 3-4 Tage länger verabreicht werden, als die Symptome anhalten, jedoch nicht länger als 4 Wochen am Stück.

Dosierung:
Kleine Hunde: 1 TL mit unter das Futter gemischt
Mittelgroße Hunde: 1 EL am Tag mit unter das Futter gemischt
Große Hunderasse: 1 EL 1-2 x täglich mit unter das Futter gemischt
Das Aktivkohle-Oxymel können Sie auch gerne, bevor Sie es ins Futter geben, noch mit Wasser verdünnen. Dies gilt auch für die anderen

Oxymels, wenn Ihr Hund bei der Zugabe im Futter die Nase rümpft und nicht fressen mag.

Brennnessel-Oxymel

Dieses Oxymel fördert die Konzentration und die Leistung, vor allem bei Arbeits- und Sporthunden, es beschleunigt die Regeneration im Alter und sorgt für mehr Vitalität. Es wirkt blutreinigend, sexuell anregend und besitzt eine antidegenerierende Wirkung.

Zutaten:

200 g Waldhonig
100 g Apfelessig
100 g frische Brennnessel-Samen (oder 40 g getrocknete)
½ TL Berg- oder Himalaya-Salz

Füllen Sie alles in ein Schraubglas, welches gut verschlossen werden kann, und rühren es darin gut um, bevor Sie es verschließen. Sie können es so lange stehen lassen, bis es zur Anwendung kommt, jedoch mindestens für 2-3 Wochen. Dieses Oxymel muss auch nicht unbedingt abgeseiht, jedoch täglich geschüttelt werden. Auch vor der Anwendung sollten Sie es schütteln. Beschriften nicht vergessen!
Bei kühler und dunkler Lagerung ist es bis zu einem Jahr haltbar. Die Dauer der Anwendung hängt von den Beschwerden ab und sollte ca. 3-4 Tage länger verabreicht werden, als die Symptome anhalten, jedoch nicht länger als 4 Wochen am Stück.

Dosierung:
Kleine Hunde: 1 TL mit unter das Futter gemischt
Mittelgroße Hunde: 1 EL am Tag mit unter das Futter gemischt
Große Hunderasse: 1 EL 1-2 x täglich mit unter das Futter gemischt

Hopfen-Oxymel

Dieses Oxymel ist für Hündinnen während der Säugeperiode hilfreich, es fördert die Milchbildung. Ängstliche Hunde profitieren ebenfalls davon, da es eine entspannende und antidepressive Wirkung besitzt. Es fördert zudem die Verdauung und erhöht die Gallensekretion. Außerdem wirkt es entkrampfend und schmerzlindernd.

Zutaten:

- 15-20 frische Hopfenzapfen
- 300 g Edelkastanienhonig
- 100 g Reis- oder Bieressig

Pürieren Sie die Hopfenzapfen mit einem Mixstab in einem vorbereiteten sauberen Glas. Geben Sie die letzten beiden Zutaten hinzu, verschließen das Gefäß und schütteln es einmal kräftig auf. Lassen Sie das Ganze an einem dunklen Ort stehen. Sie sollten das Glas täglich einmal schütteln.
Nach einer Woche filtern Sie das Ganze durch und füllen es in saubere, dunkle Gefäße ab, welche natürlich vorher gereinigt wurden und gut verschlossen werden können. Beschriften nicht vergessen!
Lagern Sie das fertige Oxymel in einem kühlen und dunklen Raum, dann ist es ca. ein Jahr haltbar. Die Dauer der Anwendung hängt von den Beschwerden ab und sollte ca. 3-4 Tage länger verabreicht werden, als die Symptome anhalten, jedoch nicht länger als 4 Wochen am Stück.

Dosierung:
Kleine Hunde: 1 TL mit unter das Futter gemischt
Mittelgroße Hunde: 1 EL 2 x am Tag mit unter das Futter gemischt
Große Hunderasse: 1 EL 3 x täglich mit unter das Futter gemischt

Lavendel-Oxymel

Dieses Oxymel eignet sich besonders für nervöse Vierbeiner oder Hunde, welche sich schnell stressen lassen. Es wirkt beruhigend, entspannend und antidepressiv. Außerdem besitzt es u. a. eine antibakterielle Eigenschaft, welche bei grippalen Infekten hilfreich ist, und fördert die Verdauung.

Zutaten:

300 g Blütenhonig
100 g Reis- oder Apfelessig
100 g frische Lavendelblüten

Pürieren Sie die Lavendelblüten in einem sauberen Glas mit einem Mixstab. Geben Sie den Essig hinzu und lassen das Ganze verschlossen über Nacht stehen. Am nächsten Tag geben Sie den Honig hinzu und rühren die Masse gut um.
Nach einer Woche filtern Sie das Ganze durch und füllen es in saubere, dunkle Gefäße ab, welche natürlich vorher gereinigt wurden, und gut verschlossen werden können. Beschriften nicht vergessen!
Lagern Sie das fertige Oxymel in einem kühlen und dunklen Raum, dann ist es ca. ein Jahr haltbar. Die Dauer der Anwendung hängt von den Beschwerden ab und sollte ca. 3-4 Tage länger verabreicht werden, als die Symptome anhalten, jedoch nicht länger als 4 Wochen am Stück.

Dosierung:
Kleine Hunde: 1 TL mit unter das Futter gemischt
Mittelgroße Hunde: 1 EL 2 x am Tag mit unter das Futter gemischt
Große Hunderasse: 1 EL 3 x täglich mit unter das Futter gemischt

Propolis-Oxymel

Ein weiteres beliebtes Oxymel ist das Propolis-Oxymel, auch als natürliches Antibiotikum bekannt. Es wirkt antibakteriell, antimykotisch, entzündungshemmend, immunstärkend, antioxydativ und zellschützend. Äußerlich aufgetragen, fördert es die Wundheilung. Es kann bei Halsschmerzen, Schnupfen, grippalen Infekten, Entzündungen und Magenbeschwerden zur Anwendung kommen.

Zutaten:

100 g Propolis (Pulver)
100 g Kastanienhonig
100 g Apfelessig
100 g Quell- oder gefiltertes Wasser

Füllen Sie alle Zutaten in ein sauberes Glas oder eine saubere Glasflasche, welche gut verschlossen werden kann. Schütteln Sie das Ganze kräftig durch und lassen es an einem kühlen dunklen Ort für 3 Monate (!) stehen. Schütteln Sie es, wenn möglich, täglich einmal durch. Nach dieser Zeit filtern Sie das Ganze durch und füllen es in saubere, dunkle Tropfflaschen ab, welche natürlich vorher gereinigt wurden und gut verschlossen werden können. Beschriften nicht vergessen.
Bei kühler und dunkler Lagerung hält es sich 3 Jahre. Die Dauer der Anwendung hängt von den Beschwerden ab und sollte ca. 3-4 Tage länger verabreicht werden, als die Symptome anhalten, jedoch nicht länger als 4 Wochen am Stück.

Dosierung:
Kleine Hunde: 3 x täglich 4-6 Tropfen mit unter das Futter gemischt
Mittelgroße Hunde: 3 x täglich 7-8 Tropfen mit unter das Futter gemischt
Große Hunderasse: 3 x täglich 12 Tropfen mit unter das Futter gemischt

Tannen-Oxymel

Dieses Oxymel besitzt eine ausgeprägte Detox-Wirkung und fördert den Abtransport von Toxinen. Es senkt die Blutfettwerte, stimuliert die Nieren- und Blasentätigkeit, schützt die Zellen und reguliert die Verdauung. Es wirkt blutreinigend, regenerierend, mineralisierend, fiebersenkend, antibakteriell und antioxydativ.

Zutaten:

300 g Tannen- oder Waldhonig
100 g Apfelessig
50 g getrocknete Tannennadeln (am besten im Herbst und Winter gesammelt und getrocknet)

Zuerst pulverisieren Sie die getrockneten Tannennadeln, danach sieben Sie diese einmal durch, damit sie das reine Pulver haben. Geben Sie es nun in ein sauberes Glas, welches gut verschlossen werden kann. Geben Sie nun alle anderen Zutaten hinzu und rühren alles gut durch. Lassen Sie das Ganze mindestens 2-3 Wochen an einem kühlen und dunklen Ort stehen. Auch hier ist ein tägliches Schütteln unumgänglich.
Nach dieser Zeit ist es anwendbar und muss nicht mehr gefiltert werden.
Beschriften nicht vergessen!
Bei kühler und dunkler Lagerung hält es sich für gut ein Jahr. Die Dauer der Anwendung hängt von den Beschwerden ab und sollte ca. 3-4 Tage länger verabreicht werden, als die Symptome anhalten, jedoch nicht länger als 4 Wochen am Stück.

Dosierung:
Kleine Hunde: 1 TL mit unter das Futter gemischt
Mittelgroße Hunde: 1 EL am Tag mit unter das Futter gemischt
Große Hunderasse: 1 EL 1-2 x täglich mit unter das Futter gemischt

Thymian-Salbei-Oxymel

Das Oxymel wirkt entzündungshemmend, fiebersenkend, desinfizierend und antibiotisch. Es kommt hauptsächlich bei Husten, grippalen Infekten und Halsentzündungen zur Anwendung. Es kann auch bei Asthma eingesetzt werden.

Zutaten:

200 g Waldhonig
100 g Apfelessig
50 g getrockneter Thymian oder Zitronenthymian
50 g getrockneter Salbei

Zuerst pulverisieren Sie den getrockneten Thymian und Salbei, danach sieben Sie diesen einmal durch, damit Sie das reine Pulver haben. Geben Sie es in ein sauberes Glas, welches gut verschlossen werden kann. Geben Sie nun alle anderen Zutaten hinzu und rühren alles gut durch. Lassen Sie das Ganze mindestens 4 Wochen an einem kühlen und dunklen Ort stehen. Auch hier ist ein tägliches Schütteln unumgänglich.
Nach dieser Zeit ist es anwendbar und muss nicht mehr gefiltert werden.
Beschriften nicht vergessen!
Bei kühler und dunkler Lagerung hält es sich ein Jahr. Die Dauer der Anwendung hängt von den Beschwerden ab und sollte ca. 3-4 Tage länger verabreicht werden, als die Symptome anhalten, jedoch nicht länger als 4 Wochen am Stück.

Dosierung:
Kleine Hunde: 1/2 TL mit unter das Futter gemischt
Mittelgroße Hunde: 1 TL am Tag mit unter das Futter gemischt
Große Hunderasse: 1 EL täglich mit unter das Futter gemischt

Wilde-Karde-Oxymel

Dieses Oxymel ist eines meiner beliebtesten Oxymels. Es ist hilfreich bei Borreliose, Leber- und Nierenleiden und unterstützt das Immunsystem. Es wirkt antibakteriell, antimykotisch, blutreinigend, herzkräftigend und fördert die Durchblutung.

Zutaten:

100 g Kastanienhonig
200 g Rotweinessig
50 g Wilde Karde-Kraut (getrocknet)
½ TL Berg- oder Himalaya-Salz

Zuerst pulverisieren Sie das getrocknete (im Handel erhältlich) Kraut und geben es in ein sauberes Glas, welches gut verschlossen werden kann. Geben Sie nun alle anderen Zutaten hinzu und rühren alles gut durch. Lassen Sie das Ganze eine Woche an einem kühlen und dunklen Ort stehen. Auch hier ist ein tägliches Schütteln unumgänglich.
Nach einer Woche filtern Sie das Ganze durch und füllen es in saubere, dunkle Tropfflaschen ab, welche natürlich vorher gereinigt wurden und gut verschlossen werden können. Beschriften nicht vergessen!
Bei kühler und dunkler Lagerung hält es sich gut ein Jahr. Die Dauer der Anwendung hängt von den Beschwerden ab und sollte ca. 3-4 Tage länger verabreicht werden, als die Symptome anhalten, jedoch nicht länger als 4 Wochen am Stück.

Dosierung:
Kleine Hunde: 3 x täglich 4-6 Tropfen mit unter das Futter gemischt
Mittelgroße Hunde: 3 x täglich 7-8 Tropfen mit unter das Futter gemischt
Große Hunderasse: 3 x täglich 12 Tropfen mit unter das Futter gemischt

Sollten Sie ein anderes Kraut oder Gewürz zur Anwendung kommen lassen und nicht genau wissen, wie Sie damit vorgehen sollen, halten Sie sich an das Basisrezept und wie zu Beginn des Kapitels beschrieben. Noch einfacher: Verwenden Sie bei der Herstellung mit Blüten oder Kräutern mit wenig Geschmack hellen Honig mit einem neutralen Geschmack und bei Gewürzen und Kräutern mit intensivem Geschmack Wald- oder Edelkastanienhonig. Bei der Essigauswahl machen Sie mit Apfelessig nichts verkehrt.

Für jedes Oxymel wichtig:

Nach der Herstellung sollten Sie Ihr fertiges Oxymel kühl lagern. Die ideale Temperatur liegt bei 10 °C. Die Haltbarkeit hängt von der Lagertemperatur ab und liegt zwischen 1 und 3 Jahren.
Wenn sich Ihr Oxymel dunkler verfärbt oder sich leichte Trübungen bilden, ist dies normal, also ein natürlicher Vorgang, das Oxymel reift nach. Vor jeder Anwendung einfach noch einmal schütteln!

Kräuteröl-Auszüge

Zur Herstellung eines Kräuter-Öls benötigen Sie ein kaltgepresstes Öl, z. B. Olivenöl, und die gewünschten Kräuter. Für Kräuter-Öle eignen sich Basilikum, Oregano, Thymian, Bohnenkraut, Minze, Salbei, andere Lippenblütler und Blüten und diese am besten zuvor getrocknet, um eine Gärung zu vermeiden.
Die Herstellung mit frischen Kräutern ist relativ einfach. Blütenblätter werden übrigens immer frisch für eine Ölherstellung verwendet. Waschen Sie die Wiesenkräuter und trocknen Sie sie mit Küchenrollenpapier ab. Saubere Kräuter, die weder Sand noch Insekten beherbergen, brauchen nicht gewaschen zu werden. Verwenden Sie nur eine Sorte Kraut pro Öl. Nach der Herstellung können Sie immer noch Mischungen zubereiten. Schneiden Sie das Kraut in grobe Stücke, dadurch gibt es seine wertvollen Inhaltsstoffe besser ab. Füllen Sie nun die Kräuter in eine Flasche und überdecken Sie sie vollständig mit dem Öl. Gleiches gilt auch für die Herstellung aus getrockneten Kräutern. Verschließen Sie die Flasche gut und stellen Sie diese an einen zimmerwarmen, sonnigen Ort. Die Flasche sollte täglich einmal gut durchgeschüttelt werden. Nach circa drei Wochen filtern Sie die Kräuter am besten mit einem Kaffeefilter heraus.
Diese Form der Öle bitte nicht verwechseln mit ätherischen Ölen, welche durch Wasserdampfdestillation, Extraktion oder Auspressen der Pflanzen oder der Pflanzenteile gewonnen werden.
Das fertige Öl kann nun, je nach Größe des Hundes, esslöffelweise dem Futter beigemengt werden. Lagern lässt es sich am besten in einer dunklen Glasflasche und an einem kühlen Ort.
Kräuter-Öle können auch zum direkten Einreiben oder zur Verwendung in Salben und Cremes ihren Einsatz finden.
Äußerlich können Kräuter-Öle auch als Mischungen zur Anwendung kommen, hierbei eignen sich am besten Mischungen, welche man selbst zusammenstellen kann.

Hier einige Beispiele:

Für die Hautpflege bei sehr trockener und juckender Haut mischen Sie 40 ml Distelöl, 20 ml Nachtkerzenöl und 40 ml Mandelöl. Das sind fertige Öle, welche man im Handel erwerben kann. Achten Sie dabei auf gute Bio-Qualität.

Eine weitere Mischung hierfür wäre eine aus 40 ml Olivenöl, 20 g Mandelöl und 20 ml Borretschsamenöl.

Ich möchte hier aber nicht näher darauf eingehen, da dies alleine ein Buch füllen könnte. In diesem Buch möchte ich mehr auf Monopräparate (Kräuter-Öle) eingehen, welche Sie selbst herstellen können und nur in Ausnahmefällen von Mischpräparaten berichten.

Die Kalt- oder die Heißmethode sind zwei Möglichkeiten der Ölmalzeration. Die Kaltmethode ist die schonendere, hierbei bleiben die meisten Inhaltsstoffe unverändert und das Öl ist somit wirkungsvoller. In diesem Buch werde ich hauptsächlich auf diese Methode eingehen.
Zur Herstellung eines Kräuter-Öls benötigen Sie ein kaltgepresstes Öl als Basisöl, z. B. Olivenöl, und die gewünschten Kräuter. Ich verwende sehr gerne Olivenöl, da der Ölauszug sich hiermit am längsten hält. Sonnenblumenöl ist zwar günstiger, aber der Ölauszug hält sich meist nur ein paar Monate, maximal für ein Jahr. Mit Olivenöl dagegen hält es sich für mehrere Jahre. Richten Sie sich dabei auch etwas nach dem Mindesthaltbarkeitsdatum (MHD) des Basisöls. Verlängern können Sie die Haltbarkeit zudem, wenn Sie etwas Vitamin E zugeben. Dieses erhalten Sie in einer Apotheke.

Kaltmethode ~ Ölauszug

Benötigtes Material:

- Getrocknete oder angewelkte Pflanzenteile
- Passendes Pflanzenöl
- Leeres Schraubglas oder Flasche
- Kaffee- oder Teefilter
- Dunkle Flaschen (z. B. Braunglas) zur Aufbewahrung des fertigen Öls

Die Herstellung mit frischen Kräutern ist relativ einfach. Blütenblätter werden übrigens meist frisch oder für zwei bis drei Tage angewelkt für eine Ölherstellung verwendet. Waschen Sie die Wiesenkräuter und trocknen Sie sie mit Küchenrollenpapier ab. Saubere Kräuter, die weder Sand noch Insekten beherbergen, brauchen nicht gewaschen zu werden. Verwenden Sie nur eine Sorte Kraut pro Öl. Nach der Herstellung können Sie immer noch Mischungen herstellen. Schneiden Sie das Kraut in grobe Stücke, dadurch gibt es seine wertvollen Inhaltsstoffe besser ab. Füllen Sie nun die Kräuter in eine Flasche und bedecken Sie sie vollständig mit

dem Öl. Gleiches gilt auch bei der Herstellung mit getrockneten Kräutern. Verschließen Sie die Flasche gut und stellen Sie diese an einen zimmerwarmen, sonnigen Ort (Ausnahmen siehe Beschreibungen bei den Rezepten). Die Flasche sollte täglich einmal gut durchgeschüttelt werden. Nach circa drei bis sechs Wochen filtern Sie die Kräuter am besten mit einem Kaffee- oder Teefilter heraus. Das Öl wird anschließend in die vorgesehenen dunklen Flaschen abgefüllt und beschriftet. Sterilisieren Sie die Gläser vorher im Backofen bei 130 Grad Heißluft für circa 12 Minuten. Das fertige Öl sollte am besten dunkel und kühl aufbewahrt werden.
Der Nachteil beim Verwenden frischer Kräuter ist der, dass diese leicht zu schimmeln beginnen. Daher rate ich an, getrocknete Kräuter beim Kaltauszug zu verwenden und die Blüten etwas anwelken zu lassen.

Heißmethode ~ Ölauszug

Benötigtes Material:

- Getrocknete oder angewelkte Pflanzenteile
- Passendes Pflanzenöl
- Kleiner Topf
- Leeres hitzebeständiges Schraubglas
- Kaffee- oder Teefilter
- Dunkle Flaschen (z. B. Braunglas) zur Aufbewahrung des fertigen Öls

Diese Variante hat den Vorteil, dass man das Öl schneller zur Verfügung hat als bei der Kaltmethode. Wenn es also einmal schnell gehen muss, dann kann man sich diese Methode zunutze machen.
Nachteilig ist, wie schon erwähnt, dass die Kaltmethode gesünder ist, da sie mehr Inhaltsstoffe bergen kann, und das Öl mit der Heißmethode weniger Inhaltsstoffe behält.

Für die Herstellung gehen Sie wie folgt vor: Geben Sie die Pflanzenteile oder Blüten in ein hitzebeständiges Glas und übergießen Sie diese mit dem ausgewählten Basisöl, bis alles gut bedeckt ist.
Geben Sie in einen kleinen Topf ca. 4 cm Wasser und stellen das Glas mit den Kräutern oder Blüten hinein. Nun erwärmen Sie das Wasser in dem Topf auf ca. 50 bis 60 Grad, es darf auf keinen Fall kochen!
Das Ganze halten Sie für ca. 2 Stunden auf dieser Temperatur und lassen es nach dieser Zeit langsam abkühlen. Wenn das Öl die Zimmertemperatur erreicht hat, verschließen Sie das Glas und lassen es weitere 3 bis 4 Tage nachreifen. Nach diesen Tagen filtern Sie die Kräuter am besten mit einem Kaffee- oder Teefilter heraus und füllen das Öl in die dunklen Flaschen ab. Beschriften nicht vergessen! Das fertige Öl am besten dunkel und kühl aufbewahren.
Für Kräuter-Ölauszüge eignen sich Basilikum, Oregano, Thymian, Bohnenkraut, Minze, Beifuß, Schafgarbe, Spitzwegerich, Salbei, Ringelblumen, Lavendelblüten, andere Lippenblütler und Blüten, und diese am besten zuvor getrocknet, um eine Gärung zu vermeiden.

Diese Form der Öle **bitte nicht verwechseln mit ätherischen Ölen**, welche durch Wasserdampfdestillation, Extraktion oder Auspressen der Pflanzen oder der Pflanzenteile gewonnen werden!

Kräuter trocknen

Kräuter lassen sich konservieren (conservare – erhalten, bewahren). Unter einer Konservierung bei Kräutern versteht man nichts anderes, als diese haltbar zu machen. Eine Variante der Konservierung ist das Trocknen der Kräuter.
Da Kräuter zu verschiedenen Zeiten geerntet, diese aber meist zu einer anderen Jahreszeit gebraucht werden, jedoch auch für die Herstellung von

Kräuterölen, eignet sich die Trocknung der einzelnen Kräuter hervorragend.
Kräuter lassen sich auf verschiedenen Wegen trocknen. Verzichten Sie auf das Waschen der Kräuter, denn diese können dadurch an Qualität verlieren, weil der Trocknungsvorgang verzögert geschieht. Schütteln Sie bereits beim Ernten Staub, Sand oder kleine Insekten ab. Sollte es dennoch einmal notwendig sein, die Kräuter zu waschen, ist es angebracht, das überschüssige Wasser mit Küchenrollenpapier abzutupfen.
Als Blickfang in kleine Bündel zusammengebunden, aufgehängt in einem beheizten Raum, sehen sie nicht nur malerisch aus, sondern verströmen auch noch ihren Duft in die Räume. Kleine Bündel deshalb, weil überall die Luft durchziehen sollte. Lassen Sie die Bündel so lange kopfüber hängen, bis sie richtig trocken sind. Richtig trocken sind sie, wenn Sie die Blätter knisternd zerdrücken können. Danach können sie, am besten in einer beschichteten Papiertüte verpackt, dunkel aufbewahrt werden. Gläser, die dicht verschlossen werden können, dienen ebenfalls der Aufbewahrung. Achten Sie dabei vor allem bei durchsichtigen Gläsern darauf, diese an einem dunklen Ort aufzubewahren. Auch Blechdosen oder Porzellangefäße sind geeignet, es kommt dabei jedoch auf die Kräutersorte an. Kräuter lassen sich auch auf einem Gitterrost, Tablett oder ähnlichem trocknen, welche vorher mit Küchenrollenpapier ausgelegt wurden. Versuchen Sie, die Pflanzen dabei so wenig wie möglich zu verkleinern, denn jede Zerkleinerung verletzt die Zellstruktur des wertvollen Krauts. Ätherische Öle und weitere Inhaltsstoffe können dabei austreten und mindern die Qualität. Wichtig ist, dass die Kräuter für den Trocknungsprozess an einen warmen Ort, z. B. die Heizung oder den Ofen, gebracht werden. Ein luftiger Platz um die 30 °C wäre ideal. Von einer Trocknung im Backofen rate ich ab. Je heißer die Temperatur, umso schneller trocknen die Kräuter zwar, verlieren aber auch rasch ihre wertvollen Inhaltsstoffe. Eine gute Alternative sind dagegen Dörrapparate.

Verschiedene Blüten wie z. B. Rosen, Lavendel, Oregano, Kamille, Löwenzahn oder Gänseblümchen sowie die Früchte von Fenchel, Dill, Engelwurz, Hagebutte oder Kümmel lassen sich ebenfalls gut trocknen.

Anwendung

Das fertige Öl kann nun, je nach Größe des Hundes, esslöffelweise dem Futter beigemengt werden.
Kräuter-Öle können auch zum direkten Einreiben oder zur Verwendung in Salben und Cremes ihren Einsatz finden. Auch bei der Herstellung von Seifen finden die Ölauszüge ihre Anwendung. Wenn Sie das selbst hergestellte Öl äußerlich auf den Hund auftragen, bedenken Sie bitte, dass der Hund danach etwas fettig aussehen kann, je nachdem, wo Sie das Öl einmassieren. Bei der Anwendung an den Pfoten können beim Laufen „Fußspuren" entstehen.

Äußerlich können Kräuter-Öle auch als Mischungen zur Anwendung kommen. Hierbei eignen sich am besten Mischungen, welche man selbst zusammenstellen kann.

Arnika-Öl

Die Blüten kaufen Sie bitte in einer Apotheke. Aus Naturschutzgründen dürfen Sie die Blüten nicht aus der Natur entnehmen.
Geben Sie die Blüten in ein geeignetes Gefäß, welches gut verschlossen werden kann, und geben Sie so viel Öl hinzu, bis die Blüten gut mit Öl bedeckt sind. Wer eine genauere Anleitung benötigt, der gibt auf 200 ml Öl eine Handvoll Blüten. Ich verwende für die Blüten gerne Olivenöl, das eignet sich dann später für die Weiterverarbeitung zu Salben und Cremes am besten.
Das Ganze sollte nun ca. sechs Wochen an einem zimmerwarmen sonnigen Ort stehen und regelmäßig geschwenkt werden, am besten täglich.
Nach dieser Zeit werden die Blütenblätter abgeseiht und, wenn möglich, in dunkle Flaschen abgefüllt. Die Flasche bitte beschriften! Für die Aufbewahrung bis zur Anwendung oder Weiterverarbeitung sollte das Öl kühl und dunkel gelagert werden.
Arnika-Öl kann zum direkten Einreiben oder zur Verwendung in Salben und Cremes eingesetzt werden.
Bei Zerrungen, Quetschungen, Prellungen, Gelenkentzündungen und bei Faserrissen hat sich das Öl in seiner Anwendung bewährt.
Es wirkt entzündungshemmend, schmerzlindernd und antibakteriell.

Bärlauch-Öl

Waschen Sie die frisch geernteten oder gekauften Blätter gründlich, trocknen Sie diese in einer Salatschleuder oder mit Küchenrollenpapier und schneiden Sie sie klein (klein hacken geht auch).
Geben Sie nun die klein geschnittenen Blätter in ein geeignetes Gefäß und geben Sie so viel Öl hinzu, bis diese gut bedeckt sind. Ich verwende für Bärlauch gerne Olivenöl, dann kann ich das Öl auch für meine Salate benutzen.

Das Ganze sollte nun ca. zwei Wochen an einem kühlen Ort stehen und regelmäßig geschwenkt werden, am besten täglich. Nach dieser Zeit wird es abgeseiht und, wenn möglich, in dunkle Flaschen abgefüllt. Die Flasche bitte beschriften! Für die Aufbewahrung bis zur Anwendung sollte das Öl kühl gelagert werden.

Bärlauch-Öl wird bei Hunden äußerlich angewandt. Vor allem bei juckenden und nässenden Hautausschlägen hat es sich als Auflage sehr bewährt.

Innerlich kann das Öl bei Ihrem Hund auch in Maßen angewandt werden. Die Dosis macht das Gift. Sonst sind Zwiebelgewächse tabu für Ihren Hund, denn diese enthalten Schwefelverbindungen, die bei Ihrem Liebling eventuell zu Blutarmut führen können.

Wenn man es also nicht übertreibt, ist Bärlauch auch gesund für unsere Hunde. Vor allem, wenn er weiterverarbeitet wurde, wie z. B. in Öl, in Maßen und nur für kurze Zeit, also für ein paar Tage (kurweise) gefüttert wird.

Bärlauch wirkt unter anderem anregend, desinfizierend, blutreinigend, durchblutungsfördernd, entzündungshemmend, galletreibend, harntreibend, schleimlösend, tonisierend und regt den Stoffwechsel an.

Basilikum-Öl

Sammeln Sie ausreichend Basilikumblätter. Die Blätter sollten gut gesäubert und danach kleingeschnitten werden. Füllen Sie die Blätter nun in ein Glas, welches Sie gut verschließen können.

Geben Sie so viel Öl hinzu, bis alle Blätter damit bedeckt sind. Ich verwende hierfür gerne Olivenöl. Wichtig ist, dass die Blätter gut mit Öl bedeckt sind, sonst fangen diese schnell an zu schimmeln.

Das Ganze sollte nun ca. vier Wochen an einem warmen sonnigen Ort, z. B. auf der Fensterbank, stehen und regelmäßig geschwenkt werden, am besten täglich. Nach dieser Zeit wird es abgeseiht und, wenn möglich, in dunkle Flaschen abgefüllt. Für die Aufbewahrung bis zur Anwendung oder Weiterverarbeitung sollte das Öl kühl gelagert werden. Die Flasche bitte beschriften!

Basilikum wirkt hauptsächlich verdauungsfördernd, darmreinigend, beugt Magenkrämpfen vor, wirkt schleimlösend, schmerzstillend, harntreibend, entwässernd, antibakteriell, fördert die Milchbildung, hilfreich bei fieberhaften Erkrankungen, beruhigt das Nervensystem, schützt vor Umweltschadstoffen, hilfreich bei Blasenentzündungen, bekämpft freie Radikale und hilft bei der Zellerneuerung. Die enthaltenen Enzyme helfen beim Fettabbau.
Ich habe auch schon ein Öl von den Blüten angesetzt, vor allem eignet sich das Staudenbasilikum sehr gut dazu. Die Blüten werden vom Strauch gezupft und ebenfalls mit Olivenöl übergossen, bis diese gut bedeckt sind. Gehen Sie also genauso vor wie mit den Basilikumblättern.
Das Öl kann kurweise dem Futter beigemengt werden. Kleinere Hunde bekommen dabei einen Teelöffel und größere Hunde einen Esslöffel am Tag ins Futter.

Beinwell-Öl

Hierfür werden die Wurzeln der Pflanze verwendet. Wer sich gut mit Pflanzen auskennt, kann diese selbst ernten und vor der Verarbeitung gut säubern. Ich hole mir die bereits getrockneten Wurzelstückchen aus einem Fachgeschäft, wer möchte, auch aus einer Apotheke. Die Wurzelteile zerkleinere ich noch einmal mit dem Thermomix, dies geht natürlich auch mit einem anderen Küchengerät, das zerkleinern kann. Anschließend werden die zerkleinerten Wurzelstückchen in ein geeignetes Gefäß, welches gut verschlossen werden kann, geschüttet. Geben Sie nun so viel Öl hinzu, bis die Wurzeln gut mit Öl bedeckt sind. Ich verwende hierfür gerne Olivenöl, das eignet sich dann später für die Weiterverarbeitung zu Salben und Cremes am besten. Verschließen Sie das Glas luftdicht und stellen es in ein Wasserbad. Dazu nehmen Sie einen Kochtopf, füllen ihn mit etwas Wasser, stellen das Glas mit dem Wurzel-Ölgemisch hinein und erhitzen das Wasser. Das Wasserbad sollte gut 15 Minuten köcheln.

Anschließend nehmen Sie den Topf vom Herd und lassen es langsam abkühlen. Wenn das Glas sich abgekühlt hat, nehmen Sie es heraus, trocknen es ab und stellen es noch für ca. 3 Tage an einen zimmerwarmen sonnigen Ort. Das Glas sollte täglich geschwenkt werden.
Nach dieser Zeit werden die Wurzeln abgeseiht und, wenn möglich, in dunkle Flaschen abgefüllt. Die Flasche bitte beschriften! Für die Aufbewahrung bis zur Anwendung oder Weiterverarbeitung sollte das Öl kühl und dunkel gelagert werden. Um es länger haltbar zu machen, kann Vitamin E zugefügt werden. Das dafür geeignete Vitamin E bekommen Sie in einer Apotheke. Vitamin E kann übrigens in alle Öle gegeben werden, welche ausschließlich äußerlich zur Anwendung kommen.
Beinwell-Öl kann zum direkten Einreiben oder zur Verarbeitung in Salben und Cremes ihren Einsatz finden. Wenn Sie eine Salbe herstellen möchten, sollten Sie dies zeitnah tun, damit die Wirkstoffe noch ausreichend erhalten sind.
Das Öl wirkt entzündungshemmend, wundheilend, schmerzstillend, beruhigend, zusammenziehend, kühlend, blutstillend und erweichend. Es eignet sich, äußerlich angewendet, bei Gesäuge-Entzündungen, Insektenbissen und -stichen, Verletzungen des Bewegungsapparates, nach Knochenbrüchen, Schnittwunden, Geschwüren und leichten Verbrennungen.

Brennnessel-Öl

Pflücken Sie ausreichend junge Brennnesselblätter und legen Sie diese auf eine mit Küchenrolle ausgelegte Fläche zum Antrocknen. Um eine Gärung zu vermeiden, lasse ich die Blätter gut antrocknen.
Schneiden Sie die Blätter klein (angetrocknet sind sie noch weich und lassen sich gut schneiden) und geben Sie diese in ein geeignetes Gefäß. Geben Sie anschließend so viel Öl hinzu, bis alles gut mit Öl bedeckt ist. Ich verwende hierfür gerne Olivenöl, das eignet sich später für die Weiterverarbeitung für Salben und Cremes am besten.

Das Ganze sollte nun ca. vier Wochen an einem hellen, aber nicht sonnigen Ort stehen und regelmäßig geschwenkt werden, am besten täglich.
Nach dieser Zeit wird es abgeseiht und möglichst in dunkle Flaschen abgefüllt. Für die Lagerung bis zur Anwendung oder Weiterverarbeitung sollte das Öl kühl gelagert werden.
Brennnessel-Öl kann zum direkten Verfüttern, Einreiben oder zur Verwendung in Salben und Cremes seinen Einsatz finden.
Das Öl wirkt entzündungshemmend, appetitanregend, verdauungsanregend, blutreinigend, blutbildend, blutstillend und stoffwechselanregend. Es regt die Milchbildung an, ist gut für Fell und Haut, hilft bei Rheuma, Arthritis und Arthrose, Harnwegserkrankungen, Durchfall, schützt die Darmschleimhaut, lindert Allergien und beugt Blasen- und Nierensteinen vor. Ebenso ist es gut für die Leber und bei Magen- und Nierenschwäche, unterstützt die Krebstherapie, löst Verschleimungen der Atemwege und unterstützt die Diabetes-Behandlung. Äußerlich ist das Öl ebenfalls anwendbar, um Wunden auszuwaschen. Auch bei eiternden Abszessen, Furunkeln und Hautunreinheiten findet es bei Hunden seinen Einsatz. Die Brennnessel ist eine hervorragende Stoffwechsel-Pflanze, sie ist auch für den Kalkstoffwechsel unserer Hunde sehr wichtig.
Wenn Sie das Öl über das Futter geben möchten, sollte es wie alle Kräuteröle kurweise angewandt werden. Kleinere Hunde bekommen dabei 1 Teelöffel und größere Hunde 1 Esslöffel am Tag ins Futter.
Besonders im Wachstum oder im Alter bietet dieses Öl eine gute Nahrungsergänzung für Ihren Hund.

Cistrosen-Öl

Um eine Gärung zu vermeiden, verwende ich das Kraut getrocknet.
Geben Sie das Kraut in ein geeignetes Gefäß und geben Sie so viel Öl hinzu, bis es gut mit Öl bedeckt ist. Wer eine Mengenangabe benötigt, der nimmt ca. 25 g getrocknetes Cistus-Kraut und übergießt dieses mit ca.

200 ml Öl. Ich verwende hierfür gerne Olivenöl, das eignet sich später für die Weiterverarbeitung für Salben und Cremes am besten.
Das Ganze sollte nun ca. vier Wochen an einem hellen Ort stehen und regelmäßig geschwenkt werden, am besten täglich. Nach dieser Zeit wird es abgeseiht und, wenn möglich, in dunkle Flaschen abgefüllt. Die Flasche bitte beschriften! Für die Aufbewahrung bis zur Anwendung oder Weiterverarbeitung sollte das Öl kühl gelagert werden.
Cistrosen-Öl kann zum direkten Verfüttern, Einreiben oder zur Verwendung in Salben und Cremes seinen Einsatz finden.
Das Öl wirkt antibakteriell, antiviral, pilzhemmend, antiparasitisch, entzündungshemmend, entspannend, nervenstärkend, stimmungsaufhellend und krebshemmend. Es hilft bei der Ausleitung von Schwermetallen, zur Parodontitis-Prophylaxe, bei Hämorrhoiden, Halsentzündungen, Erkältungskrankheiten, fördert die Wundheilung und beugt Diabetes vor.
Wenn Sie das Öl über das Futter geben möchten, sollte es kurweise, wie alle Kräuteröle angewandt werden. Kleinere Hunde bekommen dabei einen Teelöffel und größere Hunde einen Esslöffel am Tag ins Futter.

Gänseblümchen-Öl

Die Blüten werden frisch gepflückt und anschließend am besten auf Küchenrollenpapier im Schatten ausgebreitet, damit die Krabbeltierchen fliehen und die Blüten etwas anwelken können.
Geben Sie die Blüten in ein geeignetes Gefäß und geben Sie so viel Öl hinzu, bis die Blüten gut mit Öl bedeckt sind. Ich verwende für die Blüten gerne Distelöl, da es sehr vitaminreich ist.
Das Ganze sollte nun ca. vier Wochen an einem dunklen Ort stehen und regelmäßig geschwenkt werden, am besten täglich. Nach dieser Zeit wird es abgeseiht und möglichst in dunkle Flaschen abgefüllt. Für die Lagerung bis zur Anwendung oder Weiterverarbeitung sollte das Öl kühl gelagert werden.

Gänseblümchen-Öl kann zum direkten Einreiben oder zur Verwendung in Salben und Cremes seinen Einsatz finden.
Wenn Sie das Öl für diesen Vorgang erhitzen müssen, achten Sie darauf, dass Sie das Öl nicht über 60 Grad erhitzen.
Direkt eingerieben wirkt das Öl bei kleinen Verletzungen oder Schnittwunden wahre Wunder. Es lindert sehr schnell den Schmerz und sollte mehrmals am Tag aufgetragen werden.
Das Öl kann auch zur Ohrreinigung oder Hautpflege verwendet werden. Sie können das Öl auch über das Futter geben. Hier wirkt es harntreibend, krampfstillend, es regt den Stoffwechsel und die Verdauung an. Das Öl kann ebenso bei Erkältungskrankheiten, Ödemen und Rheuma unterstützend angewendet werden.

Giersch-Öl

Sammeln Sie ausreichend Gierschblätter. Die Blätter sollten gut gesäubert und danach kleingeschnitten werden. Lassen Sie diese für einige Stunden anwelken.
Füllen Sie die Blätter nun in ein Glas, welches Sie gut verschließen können. Geben Sie so viel Öl hinzu, bis die Blätter gut mit Öl bedeckt sind. Ich verwende gerne Olivenöl, das eignet sich dann später für die Weiterverarbeitung zu Salben und Cremes am besten.
Das Ganze sollte nun ca. drei bis vier Wochen an einem warmen Ort stehen und regelmäßig geschwenkt werden, am besten täglich.
Nach dieser Zeit wird es abgeseiht und, wenn möglich, in dunkle Flaschen abgefüllt. Für die Aufbewahrung bis zur Anwendung oder Weiterverarbeitung sollte das Öl kühl gelagert werden. Die Flaschen bitte beschriften!
Giersch-Öl kann zum Einreiben oder zur Verwendung in Salben und Cremes seinen Einsatz finden.

Direkt eingerieben, wirkt es kühlend, desinfizierend, entzündungshemmend und hautberuhigend. Es findet äußerlich seine Anwendung bei Verbrennungen, Insektenstichen und gereizter Haut.
Über das Futter gegeben, wirkt es außerdem entzündungshemmend, beruhigend, entschlackend, entsäuernd, verdauungsfördernd, entwässernd, harntreibend und harnsäurelösend.
Wenn Sie das Öl über das Futter geben möchten, sollte es kurweise, wie alle Kräuteröle angewandt werden. Bei diesem Öl jedoch sind 4 bis 6 Wochen erforderlich, um den gewünschten Erfolg verzeichnen zu können. Kleinere Hunde bekommen dabei einen Teelöffel und größere Hunde einen Esslöffel am Tag ins Futter.

Hagebutten-Öl

Sammeln Sie ungefähr zwei Handvoll (große Hände) frische Hagebutten. Hacken Sie die zuvor gewaschenen Hagebutten klein und breiten diese, für mehrere Tage, auf Küchenrollenpapier zum Antrocknen aus.
Wenn es schneller gehen soll, kommen die gehackten Hagebutten für ca. 2 Stunden bei 40 Grad in den Backofen zum Trocknen. Die Backofentür sollte dabei ein klein wenig offen stehen, sonst kann die Feuchtigkeit nicht hinaus.
Die getrockneten Früchte werden nun in ein Glas gegeben, welches gut verschossen werden kann. Gießen Sie 500 ml Olivenöl darüber, es sollte alles gut bedeckt sein.
Lassen Sie das Ganze für ca. zwei bis drei Wochen an einem warmen sonnigen Ort, z. B. auf der Fensterbank, stehen und schwenken Sie es regelmäßig, am besten täglich, gut durch. Nach dieser Zeit wird es abgeseiht und, wenn möglich, in dunkle Flaschen abgefüllt. Für die Aufbewahrung bis zur Anwendung oder Weiterverarbeitung sollte das Öl kühl gelagert werden. Die Flaschen bitte beschriften!

Das Hagebutten-Öl fördert die Elastizität der Haut und lässt diese regenerieren. Bei brüchigen Krallen, trockenen Ballen oder Narben kann das Öl sanft einmassiert werden. Es lindert zudem auch Juckreiz, und trockene Haut wird wieder geschmeidig.

Johanniskraut-Öl

Die Blüten werden frisch gepflückt und sofort verarbeitet. Schütteln Sie die Blüten gut aus, um sie von Sand und Insekten zu befreien.
Geben Sie die Blüten in ein geeignetes Gefäß und so viel Öl hinzu, bis die Blüten gut mit Öl bedeckt sind. Ich verwende für die Blüten gerne Olivenöl, das eignet sich dann später für die Weiterverarbeitung zu Salben und Cremes am besten.
Das Ganze sollte nun ca. sechs bis acht Wochen an einem warmen sonnigen Ort stehen und regelmäßig geschwenkt werden, am besten täglich. Nach dieser Zeit wird es abgeseiht und, wenn möglich, in dunkle Flaschen abgefüllt. Beschriften bitte nicht vergessen! Für die Aufbewahrung bis zur Anwendung oder Weiterverarbeitung sollte das Öl kühl gelagert werden.
Johanniskraut-Öl kann zum Einreiben oder zur Verwendung in Salben und Cremes seinen Einsatz finden.
Direkt eingerieben wirkt es juckreizlindernd, wundheilend, schmerzstillend und entzündungshemmend, es hilft bei Sonnenbrand und Verbrennungen ersten Grades, Quetschungen, Verstauchungen, Geschwüren und kann auch bei Entzündungen im Maulbereich angewandt werden.

Kamillenblüten-Öl

Die Blüten werden frisch gepflückt und sollten erst einmal für 2 Tage anwelken. Legen Sie die Blüten dafür auf einem Tuch oder Küchenrol-

lenpapier aus. Der Platz sollte warm und luftig sein. Schütteln Sie die Blüten gut aus, um sie von Sand und Insekten zu befreien, bevor Sie diese zum Trocknen auslegen. Sollten Sie keine Blüten selbst pflücken können, dann kaufen Sie getrocknete Blüten und verwenden diese.
Geben Sie die Blüten in ein geeignetes Gefäß, welches gut verschlossen werden kann, und geben Sie so viel Öl hinzu, bis die Blüten gut mit Öl bedeckt sind. Ich verwende für die Blüten gerne Olivenöl, das eignet sich dann später für die Weiterverarbeitung zu Salben und Cremes am besten.
Das Ganze sollte nun ca. vier bis sechs Wochen an einem warmen und hellen Ort (keine direkte Sonne) stehen und regelmäßig geschwenkt werden, am besten täglich.
Nach dieser Zeit werden die Blüten abgeseiht und, wenn möglich, in dunkle Flaschen abgefüllt. Für die Aufbewahrung bis zur Anwendung oder Weiterverarbeitung sollte das Öl kühl gelagert werden. Die Flaschen bitte beschriften!
Kamillenblüten-Öl kann zum Einreiben oder zur Verwendung in Salben und Cremes seinen Einsatz finden. Das Öl eignet sich zudem als Zugabe im Futter.
Die Kamille wirkt entzündungshemmend, immunstärkend, antibakteriell, entkrampfend, harntreibend, fiebersenkend, beruhigend, darmregulierend, blutreinigend, es wirkt austrocknend, antibakteriell und wundheilfördernd, lindert Blähungen und Nervenschmerzen, ist hilfreich bei Magen-Darm-Erkrankungen und Blasenschwäche, gut bei Husten, lässt Lymphknotenschwellungen schrumpfen, sie unterstützt die Behandlung von Hauterkrankungen und Allergien und ist hilfreich bei Erkältungskrankheiten.
Kleinere Hunde bekommen dabei einen Teelöffel und größere Hunde einen Esslöffel am Tag ins Futter.

Löwenzahnblüten-Öl

Die Blüten werden frisch gepflückt und sollten erst einmal für zwei Tage anwelken. Legen Sie die Blüten dafür auf einem Tuch oder Küchenrollenpapier aus. Der Platz sollte warm und luftig sein. Schütteln Sie die Blüten gut aus, um sie von Sand und Insekten zu befreien, bevor Sie diese zum Trocknen auslegen.
Zupfen Sie die Stielreste von den Blütenblättern. Geben Sie die Blüten in ein geeignetes Gefäß, welches gut verschlossen werden kann, und geben Sie so viel Öl hinzu, bis die Blüten gut damit bedeckt sind. Ich verwende für die Blüten gerne Olivenöl, das eignet sich dann später für die Weiterverarbeitung zu Salben und Cremes am besten.
Das Ganze sollte nun ca. vier bis sechs Wochen an einem warmen und hellen Ort (keine direkte Sonne) stehen und regelmäßig geschwenkt werden, am besten täglich.
Nach dieser Zeit werden die Blütenblätter abgeseiht und, wenn möglich, in dunkle Flaschen abgefüllt. Die Flasche bitte beschriften! Für die Aufbewahrung bis zur Anwendung oder Weiterverarbeitung sollte das Öl kühl gelagert werden.
Löwenzahnblüten-Öl kann zum Einreiben oder zur Verwendung in Salben und Cremes seinen Einsatz finden. Das Öl eignet sich zudem als Zugabe im Futter. Im Futter unterstützt es die Verdauung, hilft bei der Entgiftung und stärkt das Immunsystem. Außerdem regt es den Kreislauf an, lindert Muskelkrämpfe und unterstützt den Stoffwechsel Ihres Hundes. Ebenso lindert es Gelenkschmerzen und findet unterstützend bei Arthrose seinen Einsatz. Kleinere Hunde bekommen dabei einen Teelöffel und größere Hunde einen Esslöffel am Tag ins Futter.
Es wirkt harntreibend, blutreinigend, krebshemmend, appetitanregend und entzündungshemmend.
Äußerlich angewandt, beruhigt es die Haut, löst Verspannungen und ist hilfreich bei Insektenstichen. Rissige trockene Pfoten (Ballen) können ebenfalls mit dem Öl behandelt werden.

Ringelblumen-Öl

Die Blüten werden frisch gepflückt und sollten erst einmal für 2-3 Tage anwelken. Legen Sie die Blüten dafür auf einem Tuch oder Küchenrollenpapier aus. Der Platz sollte warm und luftig sein. Schütteln Sie die Blüten gut aus, um sie von Sand und Insekten zu befreien, bevor Sie diese zum Trocknen auslegen.

Geben Sie die Blüten in ein geeignetes Gefäß, welches gut verschlossen werden kann, und geben Sie so viel Öl hinzu, bis die Blüten gut damit bedeckt sind. Wer eine genauere Anleitung benötigt, der gibt auf 100 ml Öl ca. 10 g Blütenblätter – vor dem Trocknen gewogen. Ich verwende für die Blüten gerne Olivenöl, das eignet sich dann später für die Weiterverarbeitung zu Salben und Cremes am besten.

Das Ganze sollte nun für ca. sechs Wochen an einem kühlen und dunklen Ort stehen und regelmäßig geschwenkt werden, am besten täglich. Nach dieser Zeit werden die Blütenblätter abgeseiht und, wenn möglich, in dunkle Flaschen abgefüllt. Die Flasche bitte beschriften! Für die Aufbewahrung bis zur Anwendung oder Weiterverarbeitung sollte das Öl kühl gelagert werden.

Ringelblumen-Öl kann zum Einreiben oder zur Verwendung in Salben und Cremes seinen Einsatz finden.

Bei Zerrungen, Quetschungen, Furunkeln, Abschürfungen, Entzündungen der Haut, leichten Verbrennungen, Schnittwunden und Warzen kann das Öl seine Anwendung finden. Sie können es aber auch nur als reine Hautpflege, z. B. auch als Pflege für zu trockene Hundenasen (Nasenansatz) oder zur Ohrenpflege verwenden.

Es wirkt entzündungshemmend, wundheilend, pilzhemmend, schmerzstillend, befeuchtend, kühlend und abschwellend.

Schafgarben-Öl

Sammeln Sie ausreichend Schargarbe (Blüten und Blätter) und lassen diese etwas anwelken. Legen Sie die Blüten und Blätter dafür auf einem Tuch oder Küchenrollenpapier aus. Der Platz sollte warm und luftig sein. Füllen Sie die Blüten und Blätter nun in ein Glas, welches Sie gut verschließen können. Geben Sie so viel Öl hinzu, bis die Blätter gut mit Öl bedeckt sind. Ich verwende hierfür gerne Olivenöl, das eignet sich dann später für die Weiterverarbeitung zu Salben und Cremes am besten.
Das Ganze sollte nun ca. vier bis sechs Wochen an einem warmen Ort stehen und regelmäßig geschwenkt werden, am besten täglich. Nach dieser Zeit wird es abgeseiht und, wenn möglich, in dunkle Flaschen abgefüllt. Für die Aufbewahrung bis zur Anwendung oder Weiterverarbeitung sollte das Öl kühl gelagert werden. Die Flaschen bitte beschriften!
Schafgarben-Öl kann zum Einreiben oder zur Verwendung in Salben und Cremes seinen Einsatz finden oder auch kurweise ins Futter gegeben werden.
Schafgarbe wirkt vor allem appetitanregend, entzündungshemmend, antibakteriell, krampflösend, blutreinigend und fördert die Produktion von Verdauungssäften. Sie hilft bei grippalen Infekten, Blähungen, Verdauungsschwäche, Gallebeschwerden, Gastritis, Nierenschwäche, Diabetes, Rheuma, Neuralgien, Herz- und Kreislaufschwäche, Durchblutungsstörungen, Ekzemen, Geschwüren, rissigen Fußballen und bei der Wundheilung.
Wenn Sie das Öl über das Futter geben möchten, sollte es kurweise, wie alle Kräuteröle, angewandt werden. Kleinere Hunde bekommen dabei einen Teelöffel und größere Hunde einen Esslöffel am Tag ins Futter.

Spitzwegerich-Öl

Sammeln Sie ausreichend Spitzwegerichblätter. Die Blätter sollten gut gesäubert und danach kleingeschnitten werden. Füllen Sie die Blätter nun in ein Glas, welches Sie gut verschließen können.

Geben Sie so viel Öl hinzu, bis die Blätter gut mit Öl bedeckt sind. Ich verwende hierfür gerne Olivenöl, das eignet sich dann später für die Weiterverarbeitung für Salben und Cremes am besten.

Das Ganze sollte nun ca. drei bis vier Wochen an einem warmen sonnigen Ort, z. B. auf der Fensterbank, stehen und regelmäßig geschwenkt werden, am besten täglich.

Nach dieser Zeit wird es abgeseiht und, wenn möglich, in dunkle Flaschen abgefüllt. Für die Aufbewahrung bis zur Anwendung oder Weiterverarbeitung sollte das Öl kühl gelagert werden. Die Flaschen bitte beschriften!

Spitzwegerich-Öl kann zum Einreiben oder zur Verwendung in Salben und Cremes eingesetzt werden.

Direkt eingerieben, wirkt es juckreizlindernd und findet hauptsächlich seinen Einsatz bei Insektenstichen, wie z. B. Bienen-, Wespen-, Mücken- oder Bremsenstichen, und bei leichten Verbrennungen. Sofort angewendet, schützt es vor Schwellungen und fördert die Wundheilung. Wenn Sie das Öl über das Futter geben möchten, dann wirkt es hauptsächlich darmregulierend und entzündungshemmend. Es hilft gegen Darmmykosen, wie z. B. Candida albicans.

Das Öl sollte kurweise, wie bei allen Kräuterölen, über das Futter gegeben werden. Bei diesem Öl jedoch sind 4 bis 6 Wochen erforderlich, um den gewünschten Erfolg verzeichnen zu können. Besonders wenn es sich um Darmmykosen handelt, dann evtl. sogar länger (bis zu 10 Wochen). Kleinere Hunde bekommen dabei einen Teelöffel und größere Hunde einen Esslöffel am Tag ins Futter.

Veilchen-Öl

Die Blüten der duftenden Veilchen werden frisch gepflückt und sofort verarbeitet. Schütteln Sie die Blüten gut aus, um sie von Sand und Insekten zu befreien.

Geben Sie die Blüten in ein geeignetes Gefäß und so viel Öl hinzu, bis diese damit mehr als gut bedeckt sind. Ich verwende für die Veilchenblüten gerne Mandelöl, das eignet sich dann später für die Weiterverarbeitung zu Salben und Cremes am besten. Aber Achtung! Kein Bittermandel-Öl verwenden, denn das ist unverträglich für Ihren Hund!

Das Ganze sollte nun ca. zwei Wochen an einem warmen Ort stehen und regelmäßig geschwenkt werden, am besten täglich. Nach dieser Zeit wird es abgeseiht und, wenn möglich, in dunkle Flaschen abgefüllt. Die Flasche bitte beschriften! Für die Aufbewahrung bis zur Anwendung oder Weiterverarbeitung sollte das Öl kühl gelagert werden.

Veilchen-Öl kann zum Einreiben oder zur Verwendung in Salben und Cremes seinen Einsatz finden.

Direkt eingerieben, wirkt es hautpflegend, auch anzuwenden bei rissiger und spröder Haut, auch im Nasenbereich. Bei einer Zahnfleischentzündung kann das Öl auch direkt auf das Zahnfleisch aufgetragen werden.

Veilchen-Öl über das Futter gegeben, wirkt u. a. beruhigend, entzündungshemmend, blutreinigend, harntreibend, schleimlösend, schmerzlindernd, antibakteriell, durchblutungsfördernd und krampflösend. Es hilft unterstützend bei grippalen Infekten, Fieber, Husten, Magenkatarrhen, Nieren- und Blasenentzündungen, Rheuma, Angstzuständen, Nervosität, Epilepsie, Verrenkungen und Quetschungen.

Wacholderbeer-Öl

Um dieses Öl herstellen zu können, benötigen Sie getrocknete Wacholderbeeren, welche Sie im Handel erwerben können.
Hacken Sie die Beeren klein und geben diese in ein Glas, welches gut verschlossen werden kann. Gießen Sie 500 ml Olivenöl darüber, es sollte alles gut bedeckt sein.
Lassen Sie das Ganze nun ca. zwei bis drei Wochen an einem warmen sonnigen Ort, z. B. auf der Fensterbank, stehen und schwenken Sie es regelmäßig, am besten täglich. Nach dieser Zeit wird es abgeseiht und, wenn möglich, in dunkle Flaschen abgefüllt. Für die Aufbewahrung bis zur Anwendung oder Weiterverarbeitung sollte das Öl kühl gelagert werden. Die Flaschen bitte beschriften!
Wacholderbeeren wirken harntreibend, appetitanregend, entgiftend, schleimlösend, sie wirken antibakteriell, schützen die Schleimhäute, aktivieren den Zellstoffwechsel, stärken Kreislauf und Immunsystem, sind gut bei Rheuma und Arthritis, regen den Stoffwechsel an, sind hilfreich bei Magen-Darm-Beschwerden und extremem Maulgeruch, fördern die Blutbildung und reinigen das Blut, töten Darmpilze, binden Fett im Darm, helfen bei der Heilung von Nieren-, Blasen- und Harnwegs-Entzündungen und Infektionskrankheiten.
Das Öl kann löffelweise über das Futter gegeben oder in Salben und Cremes weiterverarbeitet werden.

Tinkturen

Kräuter-Essenzen / Kräuter-Tinkturen

Die Herstellung einer Essenz ist relativ einfach. Oft werde ich gefragt, worin der Unterschied zwischen einer Essenz und einer Tinktur besteht. Dies hat gesetzliche Gründe. Als Tinkturen werden diejenigen bezeichnet, welche in Apotheken käuflich erworben werden können und nach den Regeln des DAB hergestellt wurden. Frei verkäufliche alkoholische Kräuter-Auszüge werden daher gerne als „Essenz" bezeichnet. Wir wollen jedoch nichts herstellen, das verkauft werden soll, sondern eine Essenz oder eine Tinktur, die zur eigenen Verwendung dient.
Zur Herstellung einer Essenz benötigen Sie Alkohol und natürlich die Kräuter, die Sie am besten zuvor frisch gepflückt haben. Speziellen Alkohol (Weingeist) bekommen Sie in einer Apotheke, oder aber Sie verwenden Doppelkorn oder Wodka. Da eine Essenz sehr viel Alkohol enthält, ist sie auch relativ lange haltbar. Bei der Verwendung von frischen Kräutern sollte der Alkoholgehalt höher sein, um Pilzbefall zu vermeiden. Am besten eignen sich Gläser mit Schraubverschluss für die Herstellung. Füllen Sie circa 500 ml des Alkohols in ein Glas und geben etwa 250 Gramm der frischen, mit einem Messer klein geschnitten Kräuter hinzu. Wenn Sie eine Essenz aus getrockneten Kräutern herstellen möchten, dann nehmen Sie ungefähr 125 Gramm Kräuter. Verwenden Sie immer nur eine Kräutersorte! Nur wer weiß, welche Kräuter sich „vertragen" und wie diese wirken, kann sie kombiniert einlegen. Verschließen Sie das Glas fest und lassen es für circa einen Monat an einem dunkleren, warmen Platz stehen. Ob im Bücherregal im Wohnzimmer oder im Esszimmerregal spielt dabei keine Rolle. Manche Rezepte weichen etwas ab, lassen Sie sich dadurch nicht verunsichern. Halten Sie sich einfach an die Empfehlung, dann wird es auch funktionieren. Die Essenz sollte täglich kräftig durchgeschüttelt werden. Nach diesem Zeitraum können Sie die

Tinktur mit einem feinen Sieb abseihen oder durch einen Kaffeefilter laufen lassen und in eine dunkle Flasche umfüllen. Die Intensität der Essenz hängt von der Dauer der Herstellung, aber auch vom Wirkstoffgehalt der verwendeten Pflanzen ab. Die selbst hergestellten Essenzen können also unterschiedlich wirken, was bei der Dosierung berücksichtigt werden sollte.

Die meisten Tinkturen werden mit Alkohol angesetzt. Wer Alkohol meiden möchte, gibt die einzugebende Essenzmenge in ein kleines Glas mit heißem Wasser und lässt diese abkühlen, bevor sie verabreicht wird. Auf diese Weise verdunstet ein Großteil des Alkohols. Warum dann nicht einfach nur die Kräuter mit kochendem Wasser aufbrühen, wie einen Tee? Nun, auch diese Frage ist einfach zu erklären. Die heilkräftigen Inhaltsstoffe sind in einer Tinktur in einer viel höheren Konzentration enthalten, daher benötigt man auch für die orale Eingabe nicht so viel.

Welche Inhaltsstoffe in den jeweiligen Tinkturen enthalten sind, hängt davon ab, welche Kräuter verwendet werden, daher ist es wichtig, sich mit den einzelnen Kräutern zu beschäftigen. Dasselbe gilt dann natürlich auch für die Wirkungsweise der jeweiligen Tinktur.

Als weitere Alternative bietet es sich an, die Kräuter in Essig anzusetzen. Hier wird Apfelessig empfohlen. Doch nicht jeder Hund mag den Geschmack von Essig und oft wird dann die Verabreichung der Tropfen zur Qual. Probieren Sie es einfach aus! Ich werde in manchen Rezepten die Alternative erwähnen, jedoch können Sie alle Kräuter anstelle von Alkohol mit Essig ansetzen. Die Regel für ein Glas ist 1:3, also einen Teil Kräuter und drei Teile Essig.

Mit Essig, Glycerin oder Alkohol lassen sich sehr viele Inhaltsstoffe aus einer Pflanze ziehen. Jedoch nicht jeweils dieselben. Es wird zwar immer wieder behauptet, dass dem so sei, kann es aber nicht. Ich möchte noch einmal verdeutlichen, dass eine Tinktur eine Tinktur ist und mit Alkohol angesetzt wird, ein Kräuteressig-Auszug ist und bleibt ein Kräuteressig-Auszug und könnte ein separates Kapitel bilden.

Eine weitere Alternative als Auszugsmittel wäre pflanzliches Bio-Glycerin. Glyzerol gehört zu der Stoffgruppe der Alkohole. Glycerin ist ein Zuckeralkohol und der einfachste dreiwertige Alkohol. Er sollte bei Diabetes nicht verwendet werden.
Pflanzliches Bio-Glycerin ist in der Lage, wasserlösliche und fettlösliche Stoffe zu lösen. Dasselbe ist es nie, jedoch eine Alternative, wenn Sie unbedingt auf den beschriebenen Alkohol verzichten möchten, und so erübrigt es sich auch, auf weitere Möglichkeiten wie z. B. Natron, DMSO näher einzugehen.

Ackerschachtelhalm-Tinktur

Ackerschachtelhalm wirkt harntreibend, entzündungshemmend, wundheilend, blutreinigend, blutstillend, immunstärkend, durchblutungsfördernd, gut bei Blasen- und Nierenschwäche, Nieren- und Harngrieß, stärkt das Verdauungssystem und das Bindegewebe, ist hilfreich bei Rheuma, Ödemen, Wassersucht, Husten, Bronchial- und Lungenleiden und Afterjucken.
Hauptinhaltsstoffe sind vor allem Kieselsäure, Kalium, Sterole, Flavonoide wie Quercetin, Saponine und Kämpferol. Auch wurden Spuren von Alkaloiden und seltene Dicarbonsäuren in den Pflanzenbestandteilen nachgewiesen.
Zur Herstellung einer Tinktur kommen die ganzen oberen Pflanzenteile zur Anwendung. Pflücken Sie ausreichend Ackerschachtelhalm und lassen ihn anschließend an einem schattigen Ort für 1 - 2 Tage anwelken. Danach wird der Ackerschachtelhalm klein geschnitten und in ein Glas gefüllt, welches gut verschlossen werden kann. Nun gießen Sie dies mit Doppelkorn auf, sodass alles gut mit dem Alkohol bedeckt ist.
Das Ganze sollte nun an einem dunklen Ort ruhen und täglich kräftig durchgeschüttelt werden, damit sich die Wirkstoffe besser lösen können.
Ich lasse das Ganze dann ca. 4 - 6 Wochen ziehen.

Nach Ablauf der Wartezeit wird es durch ein feinmaschiges Tuch oder einen Kaffeefilter gesiebt.
Die fertige Tinktur wird anschließend in braune, dicht verschließbare Braunglasflaschen oder Apothekerflaschen abgefüllt. Mit der Zeit kann sich ein Bodensatz bilden, welcher völlig normal ist. Wer das nicht möchte, kann den klaren Teil der Tinktur vorsichtig in eine weitere Flasche umfüllen. Ich schüttele vor Gebrauch einfach die Flasche.
Lagern Sie die fertige Tinktur bitte dunkel und kühl, so kann sie für gut zwei Jahre aufbewahrt werden. Beschriften nicht vergessen!

Dosierung:
Kleine Hunde 3 x täglich 4 Tropfen
Mittelgroße bis große Hunde 3 x täglich 6 Tropfen

Arnika-Tinktur

Arnika wirkt schmerzlindernd, entzündungshemmend, antimykotisch und antibakteriell. Die Tinktur wird nur äußerlich als Umschlag angewendet und hilft gut bei Zerrungen, Prellungen, Quetschungen, Gelenkentzündungen, bei Faserrissen, Insektenstichen oder -bissen und Hautpilzerkrankungen.
Hauptinhaltsstoff ist die Substanz Helenalin. Daneben kommen Flavonoide, Gerbstoffe, Cumarine und wenig ätherisches Öl vor.
Arnika steht bei uns unter Naturschutz! Nicht selbst pflücken! Daher kaufen Sie die Blüten, welche für eine Tinktur benötigt werden, im Fachhandel.
Geben Sie die Blüten in ein Glas, welches gut verschlossen werden kann, und füllen das Ganze mit Doppelkorn auf. Die Blüten dürfen dabei gerne im Alkohol schwimmen. Dies sollte nun an einem halbschattigen Ort ruhen und ab und zu kräftig durchgeschüttelt werden, damit sich die Wirkstoffe besser lösen können. Ich lasse das Ganze dann 4 - 6 Wochen

ziehen, je länger es zieht, desto konzentrierter wird die Tinktur. Nach Ablauf der Wartezeit wird es durch ein feinmaschiges Tuch oder einen Kaffeefilter gesiebt.
Die fertige Tinktur wird anschließend in braune, dicht verschließbare Braunglasflaschen oder Apothekerflaschen abgefüllt. Mit der Zeit kann sich ein Bodensatz bilden, welcher völlig normal ist. Wer das nicht möchte, kann den klaren Teil der Tinktur vorsichtig in eine weitere Flasche umfüllen. Ich schüttele vor Gebrauch einfach die Flasche.
Lagern Sie die fertige Tinktur bitte dunkel und kühl, so kann sie für gut zwei Jahre aufbewahrt werden. Beschriften nicht vergessen!

Dosierung:
Kleine Hunde 3 x täglich 4 Tropfen
Mittelgroße bis große Hunde 3 x täglich 6 Tropfen

Artischockenblätter-Tinktur

Die Artischocke wirkt stoffwechselaktivierend, gallenflussfördernd, leberregenerierend und -schützend, appetitanregend, entzündungshemmend und krampflösend. Sie hilft gut bei Leberentzündungen, reguliert den Blutzuckerspiegel und ist hilfreich bei Verdauungsbeschwerden. Ebenso wird die Fettverdauung verbessert.
Die Hauptwirkstoffe der Artischocke sind Bitterstoff (Cynaropikrin), Cynarin, Inulin, Flavonoide und Gerbstoffe.
Zur Herstellung einer Tinktur kommen die Blätter der Blüte zur Anwendung. Diese werden ausreichend gepflückt, kleingeschnitten und in ein Glas gegeben, welches gut verschlossen werden kann. Danach füllen Sie das Ganze mit Doppelkorn auf, sodass alles gut mit dem Alkohol bedeckt ist. Es sollte nun an einem warmen, hellen Ort ruhen und täglich kräftig durchgeschüttelt werden, damit sich die Wirkstoffe besser lösen können. Ich lasse das Ganze dann ca. 4 - 6 Wochen ziehen.

Nach Ablauf der Wartezeit wird es durch ein feinmaschiges Tuch oder einen Kaffeefilter gesiebt.
Die fertige Tinktur wird anschließend in braune, dicht verschließbare Braunglasflaschen oder Apothekerflaschen abgefüllt. Mit der Zeit kann sich ein Bodensatz bilden, welcher völlig normal ist. Wer das nicht möchte, kann den klaren Teil der Tinktur vorsichtig in eine weitere Flasche umfüllen. Ich schüttele vor Gebrauch einfach die Flasche.
Lagern Sie die fertige Tinktur bitte dunkel und kühl, so kann sie für gut zwei Jahre aufbewahrt werden. Beschriften nicht vergessen!

Dosierung:
Äußerliche Anwendung mit Wasser verdünnt, je nach Beschwerden, als Umschlag.

Bärlauch-Tinktur

Bärlauch ist ein altes, wichtiges Heilkraut und für den Menschen gilt dieser als ein vielseitiges Nahrungsmittel. Bei Hunden jedoch sollte man sehr vorsichtig mit der Dosierung sein, er gilt für diese, wie Zwiebelgewächse, wozu auch Knoblauch gehört, zu den giftigen Pflanzen. Aber auch hier gilt das Motto: Die Menge macht das Gift. Bären fressen nach einem langen Winterschlaf sehr viel davon, um wieder zu Kräften zu kommen, und Hunde werden häufig beobachtet, wie sie Bärlauch gezielt fressen.
In Bärlauch sind hauptsächlich ätherisches Öl, Schwefel, Alliin, Allicin, Alkylsulfonsäure, Alkylopolysulfid, Ajolen, Thioacrolein, Cycloalliin, Gamma-Glutamylalliin, Dialkylsulfide, S-Oxide, Senfölglykoside, Vitamin C, B_1, B_6, Adenosin, Eisen, Mangan, Magnesium, Kalium, Calcium, Phosphor und Chlorophyll enthalten.
Als Tinktur und kurweise angewendet, eignet sie sich vor allem bei folgenden Beschwerden: Appetitlosigkeit, Arteriosklerose, Asthma, Blä-

hungen, Bluthochdruck, Bronchitis, Fieber, den Fettstoffwechsel regulierend, die Leber- und Gallenfunktion fördernd, bei Hautirritationen, Magen-Darm-Beschwerden, bei Rheuma, Verdauungsbeschwerden, Wurmbefall, denn Bärlauch wirkt adstringierend, anregend, antibiotisch, appetitanregend, blutreinigend, blutdrucksenkend, blutzuckersenkend, cholesterinsenkend, desinfizierend, entgiftend, durchblutungsfördernd, entschlackend, entzündungshemmend, harntreibend, pilztötend, schleimlösend, schweißtreibend und tonisierend.

Herstellung:
Pflücken Sie den Bärlauch oder kaufen Sie ihn und lassen ihn gut einen Tag lang antrocknen. Schneiden Sie nun den Bärlauch klein, sodass Sie die Menge von ungefähr zwei Handvoll in ein passendes Gefäß geben können. Schütten Sie einen Liter Doppelkorn darüber, alle Pflanzenteile sollten gut damit bedeckt sein. Das Ganze sollte nun an einem dunklen Ort ruhen und ab und zu kräftig durchgeschüttelt werden, damit sich die Wirkstoffe besser lösen können. Ich lasse es für 2 bis maximal 3 Wochen an einem kühlen Ort (z. B. im kühlen Keller) ziehen. Tägliches Schütteln ist anzuraten. Nach Ablauf der Wartezeit wird das Ganze durch ein feinmaschiges Tuch oder einen Kaffeefilter gesiebt.
Die fertige Tinktur wird anschließend in braune, dicht verschließbare Braunglasflaschen oder Apothekerflaschen abgefüllt. Mit der Zeit kann sich ein Bodensatz bilden, welcher völlig normal ist. Wer das nicht möchte, kann den klaren Teil der Tinktur vorsichtig in eine weitere Flasche umfüllen. Ich schüttele vor Gebrauch einfach die Flasche.
Lagern Sie die fertige Tinktur bitte dunkel und kühl, so kann sie für gut zwei Jahre aufbewahrt werden. Beschriften nicht vergessen!

Dosierung:
Kleine Hunde 3 x täglich 3 - 4 Tropfen
Mittelgroße bis große Hunde 3 x täglich 6 - 8 Tropfen
Eine Verabreichung über 10 bis 14 Tage hat sich bewährt.

Achtung! Der Bärlauch kann mit Maiglöckchen oder Herbstzeitlosen verwechselt werden. Sie erkennen den Bärlauch am besten an seinem Geruch, die Blätter riechen immer stark nach Knoblauch.

Baldrian-Tinktur

Baldrian wirkt hauptsächlich entspannend, beruhigend, krampflösend, schlafförderndd, aber auch konzentrationsfördernd, wirkt gut bei Krämpfen, Gastritis, nervösen Herzbeschwerden, Verspannungen, Bluthochdruck, einer Reizblase, Stress, Reizbarkeit und Rückenschmerzen.
Die wichtigsten Inhaltsstoffe von Baldrian sind ätherische Öle, Gerb- und Bitterstoffe, Valerensäure, Baldriansäure, Sesquiterpene, Arnikaflavon, hydrophile Lignane, Harz, Alkaloide und Flavonoide.
Eine Baldrian-Tinktur lässt sich sowohl aus getrockneten, als auch frischen Wurzeln herstellen.
Frische Baldrianwurzeln werden im Herbst und Winter geerntet. In dieser Zeit steckt die meiste Kraft in den Wurzeln. Suchen Sie sich zweijährige Baldrianpflanzen aus, die bereits einen Stängel getrieben haben. Ernten Sie den ganzen Horst an Baldrianwurzeln (Wurzelbärten), die sich um sie gebildet haben. Unter fließendem Wasser werden nun die Wurzeln gründlich mit einer Bürste gereinigt. Schneiden Sie die Wurzeln nach der Reinigung klein und geben Sie sie in ein Glas, welches gut verschlossen werden kann. Dann füllen Sie das Ganze mit Doppelkorn, Wodka oder Weingeist auf. Die Wurzeln dürfen dabei gerne im Alkohol schwimmen.
Wem dies ein zu großer Aufwand ist oder wer sich die Ernte selbst nicht zutraut, der besorgt sich getrocknete Wurzeln aus einem Fachgeschäft und geht genau so vor wie oben beschrieben.
Das Ganze sollte nun an einem dunklen Ort ruhen und ab und zu kräftig durchgeschüttelt werden, damit sich die Wirkstoffe besser lösen können. Ich lasse es für 4 bis 6 Wochen ziehen, je länger es zieht, desto konzentrierter wird die Tinktur. Nach Ablauf der Wartezeit wird es durch ein feinmaschiges Tuch oder einen Kaffeefilter gesiebt.
Die fertige Tinktur wird anschließend in braune, dicht verschließbare Braunglasflaschen oder Apothekerflaschen abgefüllt. Mit der Zeit kann sich ein Bodensatz bilden, welcher völlig normal ist. Wer das nicht möchte, kann den klaren Teil der Tinktur vorsichtig in eine weitere Flasche

umfüllen. Ich schüttele vor Gebrauch einfach die Flasche. Lagern Sie die fertige Tinktur bitte dunkel und kühl, so kann sie für gut zwei Jahre aufbewahrt werden. Beschriften nicht vergessen!

Dosierung:
Kleine Hunde 3 x täglich 4 Tropfen
Mittelgroße bis große Hunde 3 x täglich 6 Tropfen

Wenn Ihnen die Tinktur für Ihren Hund zu konzentriert ist, können Sie sie mit Wasser verdünnen.
Um den vollen Effekt zu erzielen, sollte die Baldrian-Tinktur mindestens für zwei Wochen lang regelmäßig verabreicht werden. Geben Sie jedoch die Tinktur maximal für 4 Wochen am Stück, danach sollte eine Pause erfolgen.

Bartflechten-Tinktur

Die Bartflechte wirkt antibiotisch, antibakteriell, antiviral, pilzhemmend, krebshemmend, immunstimulierend, antiparasitisch und schmerzstillend.
Die Bartflechte hilft bei Entzündungen im Maul- und Rachenraum, bei Erkältungskrankheiten, grippalen Infekten, Reizhusten und Ekzemen.
Die Tinktur kann aber nicht nur innerlich zur Anwendung kommen, sondern auch als Desinfektionsmittel, mit Wasser verdünnt. Außerdem lässt sich die Tinktur zu Salben oder Cremes weiterverarbeiten.
Die Inhaltsstoffe der Bartflechte sind hauptsächlich Usninsäure, Gerbstoffe und Vitamin C.
Schneiden Sie die Flechte mit einem Küchenmesser klein, geben Sie sie in ein Glas, welches gut verschlossen werden kann, und füllen das Ganze mit Doppelkorn auf, sodass alles gut mit dem Alkohol bedeckt ist. Nachdem das Glas verschlossen ist, stellen Sie dieses in ein heißes Wasserbad, denn die Wirkstoffe benötigen Hitze, um gelöst zu werden. Nachdem das Wasserbad abgekühlt ist, stellen Sie das Glas an einen warmen sonnigen Ort, es sollte täglich kräftig durchgeschüttelt werden, damit sich die Wirkstoffe besser lösen können. Ich lasse das Ganze dann ca. 4 bis 6 Wochen ziehen. Nach Ablauf der Wartezeit wird es durch ein feinmaschiges Tuch oder einen Kaffeefilter gesiebt.
Die fertige Tinktur wird anschließend in braune, dicht verschließbare Braunglasflaschen oder Apothekerflaschen abgefüllt. Mit der Zeit kann sich ein Bodensatz bilden, welcher völlig normal ist. Wer das nicht möchte, kann den klaren Teil der Tinktur vorsichtig in eine weitere Flasche umfüllen. Ich schüttele vor Gebrauch einfach die Flasche.
Lagern Sie die fertigen Tinkturen bitte dunkel und kühl, so kann sie für gut zwei Jahre aufbewahrt werden. Beschriften nicht vergessen!

Dosierung:
Kleine Hunde 3 x täglich 4 Tropfen
Mittelgroße bis große Hunde 3 x täglich 6 Tropfen

Beifuß-Tinktur

Beifuß, einjährig (Artemisia annua), besitzt eine antibakterielle, antimykotische, antivirale, beruhigende, fiebersenkende, krebshemmende, immunisierende, antiparasitische, blutreinigende und blutstillende Eigenschaft. Die Pflanze senkt den Blutzuckerspiegel, hilft bei Leber- und Gallebeschwerden, Übelkeit, Asthma, Azidose, Arthritis, Epilepsie, innerer Unruhe, Magen-Darm-Beschwerden, Blähungen, Durchblutungsstörungen, Neuralgien, chronischem Durchfall, extremem Maulgeruch, Borreliose und Wurmbefall. Auch bei Blasenentzündung und Gebärmutterkrämpfen soll das Kraut helfen.

Seine wichtigsten Inhaltsstoffe sind ätherische Öle wie z. B. Kampfer, Menthol, Ketone, Carene, Limonen, Eukalyptus-Öl und Alpha-Terpineol, weiter Flavonoide, Cumarin, Thymol, Beta-Sistol. Viele Mineralstoffe und Spurenelemente wie z. B. Eisen, Mangan, Zink, Calcium, Selen, Bor, Schwefel und Phosphor. Vitamin E, Chlorophyll, Rutin und Aminosäuren wie Tryptophan, Isoleucin, Leucin, Lysin, Cystin, Methionin, Thyrosin und Alanin, um nur einige zu nennen. Bei dem einjährigen Beifuß soll man über 600 Inhaltsstoffe nachgewiesen haben.

Zur Herstellung einer Tinktur kommt die ganze Pflanze (obere Pflanzenteile) zur Anwendung. Diese wird ausreichend gepflückt, anschließend lassen Sie diese an einem schattigen Ort anwelken. Sie können natürlich auch bereits getrocknetes Kraut dafür verwenden.

Geben Sie das Kraut in ein Glas, welches gut verschlossen werden kann, und füllen das Ganze mit Doppelkorn auf, sodass alles gut mit dem Alkohol bedeckt ist. Es sollte nun an einem warmen, hellen Ort ruhen und täglich kräftig durchgeschüttelt werden, damit sich die Wirkstoffe besser lösen können. Ich lasse das Ganze dann ca. 4 bis 6 Wochen ziehen. Nach Ablauf der Wartezeit wird es durch ein feinmaschiges Tuch oder einen Kaffeefilter gesiebt.

Die fertige Tinktur wird anschließend in braune, dicht verschließbare Braunglasflaschen oder Apothekerflaschen abgefüllt. Mit der Zeit kann

sich ein Bodensatz bilden, welcher völlig normal ist. Wer das nicht möchte, kann den klaren Teil der Tinktur vorsichtig in eine weitere Flasche umfüllen. Ich schüttele vor Gebrauch einfach die Flasche.
Lagern Sie die fertige Tinktur bitte dunkel und kühl, so kann sie für gut zwei Jahre aufbewahrt werden. Beschriften nicht vergessen!

Dosierung:
Kleine Hunde 3 x täglich 4 Tropfen
Mittelgroße bis große Hunde 3 x täglich 6 Tropfen

Birkenblätter-Tinktur

Birkenblätter wirken blutreinigend, desinfizierend, entgiftend, belebend und regen die Blasen- und Nierentätigkeit an. Sie fördern die Wasserausscheidung und werden erfolgreich bei Gicht, Rheuma, Arthritis und bei Grieß- und Steinleiden eingesetzt. Birkenblättertee hilft ebenfalls bei Magenentzündungen, Magengeschwüren, Leber- und Gallenleiden.
Ihre Wirkstoffe sind u. a. Saponin, Gerbstoffe, Bitter- und Schleimstoff, ätherisches Öl, Betulinsäure, Fruchtzucker, Mineralsalze (u. a. Kalium, Calcium), Vitamin C, Flavonoide, Harz und Methylsalicylat.
Zur Herstellung einer Tinktur kommen die Blätter und Knospen zur Anwendung. Ich habe für meine Tinktur die Blätter gewählt. Diese werden ausreichend gepflückt, anschließend lassen Sie diese an einem schattigen Ort anwelken.
Geben Sie die Blätter in ein Glas, welches gut verschlossen werden kann, und füllen das Ganze mit Doppelkorn auf, sodass alles gut mit dem Alkohol bedeckt ist. Es sollte nun an einem dunklen Ort ruhen und täglich kräftig durchgeschüttelt werden, damit sich die Wirkstoffe besser lösen können. Ich lasse das Ganze dann ca. 4 Wochen ziehen. Nach Ablauf der Wartezeit wird es durch ein feinmaschiges Tuch oder einen Kaffeefilter gesiebt.

Die fertige Tinktur wird anschließend in braune, dicht verschließbare Braunglasflaschen oder Apothekerflaschen abgefüllt. Mit der Zeit kann sich ein Bodensatz bilden, welcher völlig normal ist. Wer das nicht möchte, kann den klaren Teil der Tinktur vorsichtig in eine weitere Flasche umfüllen. Ich schüttele vor Gebrauch einfach die Flasche.
Lagern Sie die fertige Tinktur bitte dunkel und kühl, so kann sie für gut zwei Jahre aufbewahrt werden. Beschriften nicht vergessen!

Dosierung:
Kleine Hunde 3 x täglich 4 Tropfen
Mittelgroße bis große Hunde 3 x täglich 6 Tropfen

Brennnesselwurzel-Tinktur

Die Wurzeln der Brennnessel enthalten hauptsächlich Flavonoide, Scopoletin, ß-Sitosterin und das Lectin Urtica-dioica-Agglutinin.
Die Brennnesselwurzeln (Urticae radix) wirken entzündungshemmend, virenhemmend, antimykotisch, sie wirken positiv auf das Immunsystem und sind gut bei Harnwegsinfektionen und hilfreich bei Prostatavergrößerungen. Sie finden ebenso ihre Anwendung bei Beschwerden und Schmerzen beim Wasserlassen. Äußerlich aufgetragen (mit Wasser verdünnt) wirkt die Tinktur gegen Haarausfall und Schuppen.
Die Wurzeln werden am besten mit einer Harke ausgegraben, gut abgewaschen und an der Sonne für einen Tag getrocknet. Danach werden die Wurzeln klein geschnitten und in ein Glas gegeben, welches gut verschossen werden kann. Füllen Sie nun das Ganze mit Doppelkorn auf, bis die Wurzeln gut bedeckt sind. Es sollte an einem dunklen Ort ruhen und ab und zu kräftig durchgeschüttelt werden, damit sich die Wirkstoffe besser lösen können. Ich lasse das Ganze dann 3 bis 4 Wochen ziehen.
Nach Ablauf der Wartezeit wird es durch ein feinmaschiges Tuch oder einen Kaffeefilter gesiebt.

Die fertige Tinktur wird anschließend in dicht verschließbare Braunglasflaschen oder Apothekerflaschen abgefüllt. Mit der Zeit kann sich ein Bodensatz bilden, welcher völlig normal ist. Wer das nicht möchte, kann den klaren Teil der Tinktur vorsichtig in eine weitere Flasche umfüllen. Ich schüttele vor Gebrauch einfach die Flasche.
Lagern Sie die fertige Tinktur bitte dunkel und kühl, so kann sie für ein bis zwei Jahre aufbewahrt werden. Beschriften nicht vergessen!

Dosierung:
Kleine Hunde 3 x täglich 4 Tropfen
Mittelgroße bis große Hunde 3 x täglich 6 Tropfen

Cistrosen-Tinktur

Die Cistrose wirkt antibakteriell, antiviral, pilzhemmend, antiparasitisch, entzündungshemmend, entspannend, nervenstärkend, stimmungsaufhellend und krebshemmend. Sie hilft bei der Ausleitung von Schwermetallen, zur Parodontitis-Prophylaxe, gegen Hämorrhoiden, Halsentzündungen, Erkältungskrankheiten, sie fördert die Wundheilung und beugt Diabetes vor.

Die Inhaltsstoffe der Cistrose sind vor allem Polyphenole wie Flavonoide, insbesondere Flavonole (Myricetin, Kaempferol, Qercetin), Tannine, Ellagitannine und Phenolsäuren. Ätherisches Öl, Gerbstoffe und Harz.

Zur Herstellung der Tinktur kommt das Kraut (obere Pflanzenteile) zur Anwendung. Dieses wird ausreichend gepflückt und kann anschließend an einem schattigen Ort anwelken. Meist wird das getrocknete Kraut als Tee im Handel gekauft und zur Weiterverarbeitung als Tinktur verwendet.

Geben Sie die das Kraut in ein Glas, welches gut verschlossen werden kann, und füllen das Ganze mit Doppelkorn auf, bis alles gut mit dem Alkohol bedeckt ist. Es sollte nun an einem dunklen Ort ruhen und täglich kräftig durchgeschüttelt werden, damit sich die Wirkstoffe besser lösen können. Ich lasse das Ganze dann ca. 4 Wochen ziehen. Nach Ablauf der Wartezeit wird es durch ein feinmaschiges Tuch oder einen Kaffeefilter gesiebt.

Die fertige Tinktur wird anschließend in braune, dicht verschließbare Braunglasflaschen oder Apothekerflaschen abgefüllt. Mit der Zeit kann sich ein Bodensatz bilden, welcher völlig normal ist. Wer das nicht möchte, kann den klaren Teil der Tinktur vorsichtig in eine weitere Flasche umfüllen. Ich schüttele vor Gebrauch einfach die Flasche.

Lagern Sie die fertige Tinktur bitte dunkel und kühl, so kann sie für gut zwei Jahre aufbewahrt werden. Beschriften nicht vergessen!

Dosierung:
Kleine Hunde 3 x täglich 4 Tropfen
Mittelgroße bis große Hunde 3 x täglich 6 Tropfen

Echinacea-Tinktur

Der Sonnenhut (Echinacea) wirkt antibiotisch, antiviral, antibakteriell, fiebersenkend, entzündungshemmend, immunstärkend und schmerzstillend. Er findet seine Anwendung bei grippalen Infekten, Erkältungen jeglicher Art und zu deren Vorbeugung, Husten, Bronchitis, Abszesse, Furunkel, Geschwüre, Karbunkel, schlecht heilenden Wunden, Lymphknotenschwellungen, Bissverletzungen und Gelenkentzündungen.
Die Pflanze enthält u. a. Echinacin, Echinacosid, ätherisches Öl, Harzstoffe, Betain, Laevulose, Phytosterine, Inulin, Pentosan und Vitamin C.
Zur Herstellung einer Tinktur kommen die Blätter, Blüten und Wurzeln zur Anwendung. Diese werden ausreichend gepflückt und sollen anschließend an einem schattigen Ort anwelken.
Geben Sie das Kraut in ein Glas, welches gut verschlossen werden kann, und füllen das Ganze mit Doppelkorn auf, bis alles gut mit dem Alkohol bedeckt ist. Es sollte nun an einem dunklen Ort ruhen und täglich kräftig durchgeschüttelt werden, damit sich die Wirkstoffe besser lösen können. Ich lasse das Ganze dann ca. 4 Wochen ziehen.
Nach Ablauf der Wartezeit wird es durch ein feinmaschiges Tuch oder einen Kaffeefilter gesiebt.
Die fertige Tinktur wird anschließend in braune, dicht verschließbare Braunglasflaschen oder Apothekerflaschen abgefüllt. Mit der Zeit kann sich ein Bodensatz bilden, welcher völlig normal ist. Wer das nicht möchte, kann den klaren Teil der Tinktur vorsichtig in eine weitere Flasche umfüllen. Ich schüttele vor Gebrauch einfach die Flasche.
Lagern Sie die fertige Tinktur bitte dunkel und kühl, so kann sie für gut zwei Jahre aufbewahrt werden. Beschriften nicht vergessen!

Dosierung:
Kleine Hunde 3 x täglich 4 Tropfen
Mittelgroße bis große Hunde 3 x täglich 6 Tropfen

Frauenmantel-Tinktur

Für die Herstellung der Tinktur können die Wurzeln, Blätter und Blüten verwendet werden.
Frauenmantel wirkt hauptsächlich verdauungsfördernd, entzündungshemmend, krampflösend, blutreinigend, beruhigend, schmerzstillend, zusammenziehend, harntreibend, antibakteriell und antioxidativ. Hauptsächlich findet diese Pflanze ihre Anwendung bei Beschwerden der weiblichen Geschlechtsorgane, sie fördert die Milchbildung, hilft bei Durchfall, Blähungen, Magenschwäche, grippalen Infekten, Fieber, Bindehautentzündung, Herz- und Nierenschwäche, Ödemen und hilft unterstützend bei Diabetes.
Frauenmantel enthält hauptsächlich ätherische Öle, Bitterstoffe, Gerbstoffe, Phytosterin, Glykoside, Saponine und Tannine.
Zur Herstellung einer Tinktur können sowohl die Blätter, Blüten als auch die Wurzeln zur Anwendung kommen, ich habe für meine Tinktur die Blätter und Blüten gewählt. Diese werden ausreichend gepflückt, anschließend lassen Sie diese an einem schattigen Ort anwelken.
Geben Sie das Kraut in ein Glas, welches gut verschlossen werden kann, und füllen das Ganze mit Doppelkorn auf, bis alles gut mit dem Alkohol bedeckt ist.
Es sollte nun an einem warmen hellen Ort (keine Sonne) ruhen und täglich kräftig durchgeschüttelt werden, damit sich die Wirkstoffe besser lösen können. Ich lasse das Ganze dann ca. 4 Wochen ziehen.
Nach Ablauf der Wartezeit wird es durch ein feinmaschiges Tuch oder einen Kaffeefilter gesiebt.

Die fertige Tinktur wird anschließend in braune, dicht verschließbare Braunglasflaschen oder Apothekerflaschen abgefüllt. Mit der Zeit kann sich ein Bodensatz bilden, welcher völlig normal ist. Wer das nicht möchte, kann den klaren Teil der Tinktur vorsichtig in eine weitere Flasche umfüllen. Ich schüttele vor Gebrauch einfach die Flasche.
Lagern Sie die fertige Tinktur bitte dunkel und kühl, so kann sie für gut zwei Jahre aufbewahrt werden. Beschriften nicht vergessen!

Dosierung:
Kleine Hunde 3 x täglich 4 Tropfen
Mittelgroße bis große Hunde 3 x täglich 6 Tropfen
Die Tropfen können über mehrere Monate hinweg genommen werden.

Gänseblümchen-Tinktur

Das Gänseblümchen wirkt blutreinigend, blutstillend, harntreibend, krampfstillend, es regt die Verdauung, den Stoffwechsel und den Appetit an und lindert Schmerzen. Gänseblümchen helfen bei Erkältungskrankheiten, Husten, Darmentzündungen, Ödemen und Wassersucht, Hautausschlägen und schlecht heilenden Wunden (hierbei lieber als Teeaufguss anwenden), Nieren- und Blasensteinen und lindern Rheuma. Auch bei Verspannungen der Muskeln hat sich die Gänseblümchen-Tinktur bewährt.
Das Gänseblümchen enthält unter anderem ätherische Öle, Saponine, Bitterstoffe, Gerbstoffe, Anthoxanthin, Flavonoide, Fumarsäure, Schleim, Inulin.
Um eine Tinktur aus Gänseblümchen herstellen zu können, benötigen Sie die Blüten. Diese werden ausreichend gepflückt und sollen anschließend an einem schattigen Ort anwelken. Geben Sie die Blüten in ein Glas, welches gut verschlossen werden kann, und füllen Sie das Ganze mit Doppelkorn auf. Die Blüten dürfen dabei gerne im Alkohol schwimmen.

Es sollte nun an einem dunklen Ort ruhen und ab und zu kräftig durchgeschüttelt werden, damit sich die Wirkstoffe besser lösen können. Ich lasse das Ganze dann 3 - 4 Wochen ziehen, je länger es zieht, desto konzentrierter wird die Tinktur. Nach Ablauf der Wartezeit wird es durch ein feinmaschiges Tuch oder einen Kaffeefilter gesiebt.

Die fertige Tinktur wird anschließend in braune, dicht verschließbare Braunglasflaschen oder Apothekerflaschen abgefüllt. Mit der Zeit kann sich ein Bodensatz bilden, welcher völlig normal ist. Wer das nicht möchte, kann den klaren Teil der Tinktur vorsichtig in eine weitere Flasche umfüllen. Ich schüttele vor Gebrauch einfach die Flasche.
Lagern Sie die fertige Tinktur bitte dunkel und kühl, so kann sie für gut zwei Jahre aufbewahrt werden. Beschriften nicht vergessen!

Alternativ für den schnelleren Gebrauch kann man eine Gänseblümchen-Tinktur auch ohne Alkohol herstellen. Diese ist jedoch nur maximal 6 Wochen haltbar und muss regelmäßig auf Schimmelpilze begutachtet werden.
Gehen Sie genau so vor, wie oben beschrieben und füllen Sie das Gefäß anstelle von Alkohol mit Apfelessig auf. Dieses lassen Sie 14 Tage an einem dunklen kühlen Ort stehen und schütteln es täglich auf. Dies ist hierbei nicht nur wichtig, um die Wirkstoffe sich lösen zu lassen, sondern auch um Schimmelbildung zu vermeiden.
Nach 14 Tagen sieben Sie den Ansatz, füllen die Tinktur ebenfalls in dunkle Fläschchen ab und beschriften diese. Am besten noch mit einem Haltbarkeitsdatum versehen. Beachten Sie bitte dabei, dass die Wirkstoffe, welche extrahiert werden, etwas abweichen.

Dosierung:
Kleine Hunde 3 x täglich 4 Tropfen
Mittelgroße bis große Hunde 3 x täglich 6 Tropfen

Gänsefingerkraut-Tinktur

Das Kraut gehört zu den Rosengewächsen und kann das ganze Jahr über geerntet werden.
Gänsefingerkraut wirkt hauptsächlich entzündungshemmend, antibakteriell, krampflösend, schmerzstillend und adstringierend. Die Tinktur ist hilfreich bei Zahnfleischentzündungen, Durchfall, Fieber, Hustenkrämpfen, Magen- und Muskelkrämpfen.
Die Wirkstoffe des Krautes sind Bitterstoffe, Cumarine, Gerbstoffe wie Gallotannine und Ellagitannine, Flavonoide, Schleimstoffe, Vitamin C und verschiedene Mineralstoffe.
Zur Herstellung einer Tinktur können sowohl die Blätter als auch die Blüten und Wurzeln verwendet werden. Ich habe für meine Tinktur die

Blätter gewählt. Diese werden ausreichend gepflückt und sollen anschließend an einem schattigen Ort anwelken.
Geben Sie das klein geschnittene Kraut in ein Glas, welches gut verschlossen werden kann, und füllen das Ganze mit Doppelkorn auf, bis alles gut mit dem Alkohol bedeckt ist.

Es sollte nun an einem dunklen Ort ruhen und täglich kräftig durchgeschüttelt werden, damit sich die Wirkstoffe besser lösen können. Ich lasse das Ganze dann ca. 3 - 4 Wochen ziehen. Nach Ablauf der Wartezeit wird es durch ein feinmaschiges Tuch oder einen Kaffeefilter gesiebt.
Die fertige Tinktur wird anschließend in braune, dicht verschließbare Braunglasflaschen oder Apothekerflaschen abgefüllt. Mit der Zeit kann sich ein Bodensatz bilden, welcher völlig normal ist. Wer das nicht möch-

te, kann den klaren Teil der Tinktur vorsichtig in eine weitere Flasche umfüllen. Ich schüttele vor Gebrauch einfach die Flasche.
Lagern Sie die fertige Tinktur bitte dunkel und kühl, so kann sie für gut zwei Jahre aufbewahrt werden. Beschriften nicht vergessen!

Dosierung:
Kleine Hunde 3 x täglich 4 Tropfen
Mittelgroße bis große Hunde 3 x täglich 6 Tropfen

Giersch-Tinktur

Der Giersch enthält ätherisches Öl, Chlorogensäure, Cumarine, Flavonolglykoside, Harz, Hyperosid, Isoquercitrin, Kaffeesäure und einen hohen Anteil an Kalium, Magnesium, Calcium, Mangan, Kupfer, Phosphor, etwas Zink und Eisen. Phenolcarbonsäuren, Polyine, Saponin, Vitamin C und Provitamin A sind ebenfalls nennenswerte Inhaltsstoffe, sowie die vielen Aminosäuren wie zum Beispiel Alanin, Arginin, Asparaginsäure, Cystin, Glycin, Histidin, Isoleucin, Leucin, Lysin, Metheonin, Prolin, Serin, Threonin, Thyrosin und Valin.
Giersch wirkt entzündungshemmend, beruhigend, entschlackend, entsäuernd, verdauungsfördernd, entwässernd, harntreibend und harnsäurelösend, wurmaustreibend, wirkt gut bei Husten, Durchfall, Blasenentzündung, bei Zahnschmerzen, hilft beim Abnehmen, bei der Wundheilung und unterstützt die Rheumatherapie.
Zur Herstellung einer Tinktur kommt die ganze Pflanze (obere Pflanzenteile) zur Anwendung. Diese werden ausreichend gepflückt und sollen anschließend an einem schattigen Ort anwelken. Sie können natürlich auch bereits getrocknetes Kraut dafür verwenden.
Geben Sie das Kraut in ein Glas, welches gut verschlossen werden kann, und füllen das Ganze mit Doppelkorn auf, sodass alles gut mit dem Alkohol bedeckt ist. Es sollte nun an einem warmen, hellen Ort ruhen und

täglich kräftig durchgeschüttelt werden, damit sich die Wirkstoffe besser lösen können. Ich lasse das Ganze dann ca. 4 - 6 Wochen ziehen. Nach Ablauf der Wartezeit wird es durch ein feinmaschiges Tuch oder einen Kaffeefilter gesiebt.
Die fertige Tinktur wird anschließend in braune, dicht verschließbare Braunglasflaschen oder Apothekerflaschen abgefüllt. Mit der Zeit kann sich ein Bodensatz bilden, welcher völlig normal ist. Wer das nicht möchte, kann den klaren Teil der Tinktur vorsichtig in eine weitere Flasche umfüllen. Ich schüttele vor Gebrauch einfach die Flasche.
Lagern Sie die fertige Tinktur bitte dunkel und kühl, so kann sie für gut zwei Jahre aufbewahrt werden. Beschriften nicht vergessen!

Dosierung:
Kleine Hunde 3 x täglich 4 Tropfen
Mittelgroße bis große Hunde 3 x täglich 6 Tropfen

Goldruten-Tinktur

Die gewöhnliche Goldrute (Solidago) wirkt antimykotisch, harntreibend, entzündungshemmend, krampflösend, zusammenziehend, blutreinigend, ausschwemmend, schmerzlindernd, ödemhemmend und immunstimulierend. Sie hilft bei Blähungen, Durchfall, Darmentzündungen, Rheuma, Wassersucht, Ödemen, Nierenbeschwerden, Blasenentzündungen, Nierengrieß und -steinen, Diabetes und äußerlich bei Zahngeschwüren, zur Wundbehandlung und bei Insektenstichen.
Die wichtigsten Wirkstoffe der Goldrute sind Gerbstoffe, Saponine, Bitterstoffe, ätherische Öle, Flavonoide und Phenolglykoside, wie das Leiocarposid.
Eine Goldruten-Tinktur lässt sich sowohl von getrockneten, als auch frischen Pflanzenteilen herstellen. Dabei kommen Blüten, Blätter und auch die Stängel in Frage. Wenn das Kraut selbst gepflückt wird, sollte es nach

der Reinigung für ein bis zwei Tage zu einem Strauß zusammengebunden, kopfüber an einem schattigen, luftigen Ort hängend, angetrocknet werden.
Bevor es ins Glas kommt, wird es klein geschnitten. Geben Sie das Kraut in ein Glas, welches gut verschlossen werden kann, und füllen das Ganze mit Doppelkorn auf. Das Kraut darf dabei gerne im Alkohol schwimmen. Es sollte nun an einem dunklen Ort ruhen und ab und zu kräftig durchschüttelt werden, damit sich die Wirkstoffe besser lösen können. Ich lasse das Ganze dann 4 - 6 Wochen ziehen, je länger es zieht, desto konzentrierter wird die Tinktur. Nach Ablauf der Wartezeit wird es durch ein feinmaschiges Tuch oder einen Kaffeefilter gesiebt.
Die fertige Tinktur wird anschließend in braune, dicht verschließbare Braunglasflaschen oder Apothekerflaschen abgefüllt. Mit der Zeit kann sich ein Bodensatz bilden, welcher völlig normal ist. Wer das nicht möchte, kann den klaren Teil der Tinktur vorsichtig in eine weitere Flasche umfüllen. Ich schüttele vor Gebrauch einfach die Flasche.
Lagern Sie die fertige Tinktur bitte dunkel und kühl, so kann sie für gut zwei Jahre aufbewahrt werden. Beschriften nicht vergessen!

Dosierung:
Kleine Hunde 3 x täglich 4 Tropfen
Mittelgroße bis große Hunde 3 x täglich 6 Tropfen
Nach einer 10-tägigen Verabreichung sollte eine mindestens ebenso lange Pause eingehalten werden.

Hamamelis-Tinktur

Hamamelis wirkt blutstillend, beruhigend, entzündungshemmend und adstringierend (zusammenziehend). Bei Hunden wird es hauptsächlich äußerlich angewendet bei Afterjucken, Analfissuren, Analekzemen, Hämorrhoiden, Verletzungen am After, bei Blutungen, Juckreiz, trockener

schuppiger Haut, Verbrennungen, Wunden sowie Zahnfleisch- und Rachenentzündungen. Außerdem kann die Tinktur bei Durchfall, zur Gebärmutterrückbildung nach der Geburt oder bei einer Venenentzündung angewandt werden.
Die wichtigsten Wirkstoffe der Hamamelispflanze sind Gerbstoffe (bis zu 10 %), Hamamelin, Hamamelitannin, Quercerol, Kaempferol, Chinasäure, Ellagitannin, Gallussäure, Flavonoide, Phenol, ätherische Öle (Safrol, Ionon).
Geben Sie die Rinde oder die Blätter in ein Glas, welches gut verschlossen werden kann, und füllen das Ganze mit Doppelkorn auf. Die Zutaten dürfen dabei gerne im Alkohol schwimmen. Wenn Sie ausschließlich Rinde verwenden, nehmen Sie, um auf Nummer Sicher zu gehen, Weingeist zum Ansetzen.
Es sollte nun an einem dunklen Ort ruhen und ab und zu kräftig durchschüttelt werden, damit sich die Wirkstoffe besser lösen können. Ich lasse das Ganze für 4 - 6 Wochen ziehen, je länger es zieht, desto konzentrierter wird die Tinktur. Nach Ablauf der Wartezeit wird es durch ein feinmaschiges Tuch oder einen Kaffeefilter gesiebt.
Die fertige Tinktur wird anschließend in braune, dicht verschließbare Braunglasflaschen oder Apothekerflaschen abgefüllt. Mit der Zeit kann sich ein Bodensatz bilden, welcher völlig normal ist. Wer das nicht möchte, kann den klaren Teil der Tinktur vorsichtig in eine weitere Flasche umfüllen. Ich schüttele vor Gebrauch einfach die Flasche.
Lagern Sie die fertige Tinktur bitte dunkel und kühl, so kann sie für gut zwei Jahre aufbewahrt werden. Beschriften nicht vergessen!

Dosierung:
Kleine Hunde 3 x täglich 4 Tropfen
Mittelgroße bis große Hunde 3 x täglich 6 Tropfen
Für die äußerliche Anwendung wird die Tinktur mit Wasser verdünnt.

Hopfen-Tinktur

Hopfen wirkt antibakteriell, beruhigend, blutreinigend, entzündungshemmend, entspannend, pilzhemmend, schmerzstillend, verdauungsfördernd, appetitanregend, harntreibend, wundheilend und milchbildend.
Er hilft bei Unruhe, Nervosität, Angstzuständen, nervösen Magenbeschwerden, Magen- und Darmkrämpfen, Verstopfung, Fieber, Blasenentzündungen, Blasensteinen, nervösen Herzbeschwerden, Furunkeln, bei der Milchbildung und Wundheilung.
Hopfen enthält hauptsächlich ätherische Öle, Bitterstoffe (u. a. Humulon, Humulen und Lupulin), Gerbstoffe, Harze, Campesterol, Xanthohumol und Mineralstoffe.
Zur Herstellung einer Tinktur kommen frische oder getrocknete Hopfenzapfen zur Anwendung.
Schneiden Sie die Zapfen klein, dieser Vorgang erübrigt sich bei der getrockneten Form, denn diese fallen ganz leicht auseinander. Geben Sie diese in ein Glas, welches gut verschlossen werden kann, und füllen das Ganze mit Doppelkorn auf, sodass alles gut mit dem Alkohol bedeckt ist.
Es sollte nun an einem warmen, hellen Ort (keine Sonne) ruhen und täglich kräftig durchgeschüttelt werden, damit sich die Wirkstoffe besser lösen können. Ich lasse das Ganze für 4 Wochen ziehen (einen Mondzyklus lang). Nach Ablauf der Wartezeit wird es durch ein feinmaschiges Tuch oder einen Kaffeefilter gesiebt.
Die fertige Tinktur wird anschließend in braune, dicht verschließbare Braunglasflaschen oder Apothekerflaschen abgefüllt. Mit der Zeit kann sich ein Bodensatz bilden, welcher völlig normal ist. Wer das nicht möchte, kann den klaren Teil der Tinktur vorsichtig in eine weitere Flasche umfüllen. Ich schüttele vor Gebrauch einfach die Flasche.
Lagern Sie die fertige Tinktur bitte dunkel und kühl, so kann sie für gut zwei Jahre aufbewahrt werden. Beschriften nicht vergessen!

Dosierung:
Kleine Hunde 3 x täglich 4 Tropfen
Mittelgroße bis große Hunde 3 x täglich 6 Tropfen

Johannisbeerblätter-Tinktur (schwarze)

Die Blätter der schwarzen Johannisbeere helfen bei Erkrankungen der oberen Atemwege, bei Gliederschmerzen, Rheuma, Fettleibigkeit, Harnwegsbeschwerden, sie unterstützen die Leber und Nieren, wirken blutdrucksenkend, harntreibend, enzymhemmend (Elastasehemmung), stärken das Nervensystem und besitzen einen antioxydativen Effekt. Sie finden oft Ihre Anwendung, um entzündliche und bakterielle Erkrankungen der ableitenden Harnwege oder Nieren- und Blasengrieß zu behandeln.
Die Blätter enthalten u. a. Flavonoide, insbesondere Derivate des Quercetins als Isoquercitrin, sowie Kämpferol. Gerbstoffe, ätherische Öle, Phenolcarbonsäuren, Anthocyane und Diterpene sind ebenfalls enthalten.
Zur Herstellung einer Tinktur kommen die Blätter zur Anwendung. Diese werden ausreichend gepflückt und sollen anschließend an einem schattigen Ort etwas anwelken. Geben Sie danach die Blätter in ein Glas, welches gut verschlossen werden kann, und füllen das Ganze mit Doppelkorn auf, sodass alles gut mit dem Alkohol bedeckt ist.
Es sollte nun an einem warmen, dunklen Ort ruhen und täglich kräftig durchgeschüttelt werden, damit sich die Wirkstoffe besser lösen können. Ich lasse das Ganze dann ca. 4 - 6 Wochen ziehen. Nach Ablauf der Wartezeit wird es durch ein feinmaschiges Tuch oder einen Kaffeefilter gesiebt.
Die fertige Tinktur wird anschließend in braune, dicht verschließbare Braunglasflaschen oder Apothekerflaschen abgefüllt. Mit der Zeit kann sich ein Bodensatz bilden, welcher völlig normal ist. Wer das nicht möch-

te, kann den klaren Teil der Tinktur vorsichtig in eine weitere Flasche umfüllen. Ich schüttele vor Gebrauch einfach die Flasche.
Lagern Sie die fertige Tinktur bitte dunkel und kühl, so kann sie für gut zwei Jahre aufbewahrt werden. Beschriften nicht vergessen!

Dosierung:
Kleine Hunde 3 x täglich 4 Tropfen
Mittelgroße bis große Hunde 3 x täglich 6 Tropfen

Johanniskraut-Tinktur

Johanniskraut wirkt beruhigend, zusammenziehend, abschwellend, entzündungshemmend, schleimlösend, harntreibend, krampflösend, appetitanregend, schmerzstillend, blutstillend und antibakteriell. Das Kraut hilft bei Husten, Fieber, Rheuma, Blasenentzündungen, Verdauungsschwäche, Magenbeschwerden, Durchfall, Darmentzündungen, Gebärmutterkrämpfen, Angstzuständen, Nervosität, Neuralgien, Epilepsie, Muskelzerrungen, Quetschungen, Verstauchungen, Geschwüren, Ekzemen, Verbrennungen, bei der Wundheilung und lindert Juckreiz.
Johanniskraut enthält hauptsächlich ätherische Öle, Flavonoide, Gerbstoffe, Bitterstoffe, Pektin und Cholin, das blutrote Hypericin, das in Blüten und Knopsen am höchsten ist, und Hyperforin, das in den reifen Früchten enthalten ist.
Zur Herstellung einer Tinktur kommen die Blüten und Blätter zur Anwendung. Diese werden ausreichend gepflückt und sollen anschließend an einem luftigen, schattigen Ort anwelken. Ich pflücke meist einen Strauß, binde ihn zusammen und hänge in kopfüber für einen Tag an einem luftigen und schattigen Platz auf. Am nächsten Tag zupfe ich Blüten und Blätter ab.
Geben Sie die Blüten und Blätter in ein Glas, welches gut verschlossen werden kann, und füllen das Ganze mit Doppelkorn auf, sodass alles gut

mit dem Alkohol bedeckt ist. Es sollte nun an einem warmen, sonnigen Ort ruhen und täglich kräftig durchgeschüttelt werden, damit sich die Wirkstoffe besser lösen können. Ich lasse das Ganze dann ca. 4 - 6 Wochen ziehen. Nach Ablauf der Wartezeit wird es durch ein feinmaschiges Tuch oder einen Kaffeefilter gesiebt.
Die fertige Tinktur wird anschließend in braune, dicht verschließbare Braunglasflaschen oder Apothekerflaschen abgefüllt. Mit der Zeit kann sich ein Bodensatz bilden, welcher völlig normal ist. Wer das nicht möchte, kann den klaren Teil der Tinktur vorsichtig in eine weitere Flasche umfüllen. Ich schüttele vor Gebrauch einfach die Flasche.
Lagern Sie die fertige Tinktur bitte dunkel und kühl, so kann sie für gut zwei Jahre aufbewahrt werden. Beschriften nicht vergessen!

Dosierung:
Kleine Hunde 3 x täglich 4 Tropfen
Mittelgroße bis große Hunde 3 x täglich 6 Tropfen

Kamillen-Tinktur

Kamille wirkt entzündungshemmend, immunstärkend, entkrampfend, harntreibend, fiebersenkend, beruhigend, darmregulierend, blutreinigend, austrocknend, antibakteriell und entzündungshemmend, lindert Blähungen und Nervenschmerzen, ist hilfreich bei Magen-Darm-Erkrankungen und Blasenschwäche, gut bei Husten, lässt Lymphknotenschwellungen schrumpfen, unterstützt die Behandlung von Hauterkrankungen und Allergien und ist hilfreich bei Erkältungskrankheiten.
Geben Sie die Kamillen-Blüten in ein Glas, welches gut verschlossen werden kann, und füllen das Glas mit Doppelkorn auf. Die Blüten dürfen dabei gerne im Alkohol schwimmen. Es sollte nun an einem dunkleren Ort ruhen und ab und zu kräftig durchgeschüttelt werden, damit sich die Wirkstoffe besser lösen können. Ich lasse das Ganze dann für 4 Wochen

ziehen, je länger es zieht, desto konzentrierter wird die Tinktur. Nach Ablauf der Wartezeit wird alles durch ein feinmaschiges Tuch oder einen Kaffeefilter gesiebt.
Die fertige Tinktur wird anschließend in braune, dicht verschließbare Braunglasflaschen oder Apothekerflaschen abgefüllt. Mit der Zeit kann sich ein Bodensatz bilden, welcher völlig normal ist. Wer das nicht möchte, kann den klaren Teil der Tinktur vorsichtig in eine weitere Flasche umfüllen. Ich schüttele vor Gebrauch einfach die Flasche.
Lagern Sie die fertige Tinktur bitte dunkel und kühl, so kann sie für gut zwei Jahre aufbewahrt werden. Beschriften nicht vergessen!

Alternativ für den schnelleren Gebrauch kann man eine Kamillen-Tinktur auch ohne Alkohol herstellen. Diese ist jedoch nur für maximal 6 Wochen haltbar und muss regelmäßig auf Schimmelpilze begutachtet werden.
Gehen Sie genau so vor, wie oben beschrieben, und füllen das Gefäß anstelle von Alkohol mit Apfelessig auf. Das Ganze lassen Sie für 14 Tage an einem dunklen kühlen Ort stehen und schütteln es täglich auf. Dies ist hierbei nicht nur wichtig, um die Wirkstoffe lösen zu lassen, sondern auch um Schimmelbildung zu vermeiden.
Nach 14 Tagen sieben Sie den Ansatz, füllen die Tinktur ebenfalls in dunkle Fläschchen ab und beschriften diese. Am besten noch mit einem Haltbarkeitsdatum versehen. Beachten Sie bitte dabei, dass die Wirkstoffe, welche extrahiert werden, etwas abweichen.

Dosierung:
Kleine Hunde 3 x täglich 4 Tropfen
Mittelgroße bis große Hunde 3 x täglich 6 Tropfen

Kapuzinerkresse-Tinktur

Die Kapuzinerkresse wirkt anregend, antibiotisch, pilztötend, schleimlösend und blutreinigend. Sie hilft bei grippalen Infekten, Halsentzündungen, Bronchitis, Harnwegsinfekten und stärkt das Immunsystem. Ebenfalls kann sie bei Verstopfung helfen.

Ihre Inhaltsstoffe sind hauptsächlich Senfölglykoside, Flavonoide, Carotinoide, Vitamin C, verschiedene Mineralstoffe wie z. B. Eisen, Kalium und Magnesium.

Um eine Tinktur herstellen zu können, benötigen Sie die Blüten und Blätter, die Samen können ebenfalls verwendet werden. Diese werden ausreichend gepflückt und anschließend mit einem Küchenmesser klein geschnitten.

Geben Sie die Pflanzenteile in ein Glas, welches gut verschlossen werden kann, und füllen das Ganze mit Doppelkorn auf. Die Blüten, Blätter und Samen dürfen dabei gerne im Alkohol schwimmen.

Es sollte nun an einem halbschattigen Ort ruhen und ab und zu kräftig durchgeschüttelt werden, damit sich die Wirkstoffe besser lösen können. Ich lasse das Ganze dann ca. 4 Wochen ziehen, je länger es zieht, desto konzentrierter wird die Tinktur. Nach Ablauf der Wartezeit wird es durch ein feinmaschiges Tuch oder einen Kaffeefilter gesiebt.

Die fertige Tinktur wird anschließend in braune, dicht verschließbare Braunglasflaschen oder Apothekerflaschen abgefüllt. Mit der Zeit kann sich ein Bodensatz bilden, welcher völlig normal ist. Wer das nicht möchte, kann den klaren Teil der Tinktur vorsichtig in eine weitere Flasche umfüllen. Ich schüttele vor Gebrauch einfach die Flasche.

Lagern Sie die fertige Tinktur bitte dunkel und kühl, so kann sie für gut zwei Jahre aufbewahrt werden. Beschriften nicht vergessen!

Alternativ kann man eine Kapuzinerkresse-Tinktur auch ohne Alkohol herstellen. Diese ist jedoch nur maximal für 6 Wochen haltbar und muss regelmäßig auf Schimmelpilze begutachtet werden.

Gehen Sie genau so vor, wie oben beschrieben, und füllen das Gefäß anstelle von Alkohol mit Apfelessig auf. Das Ganze lassen Sie für 14 Tage an einem dunklen kühlen Ort stehen und schütteln es täglich auf. Dies ist hierbei nicht nur wichtig, um die Wirkstoffe lösen zu lassen, sondern auch um Schimmelbildung zu vermeiden.
Nach 14 Tagen sieben Sie den Ansatz, füllen die Tinktur ebenfalls in dunkle Fläschchen ab und beschriften diese. Am besten noch mit einem Haltbarkeitsdatum versehen. Beachten Sie bitte dabei, dass die Wirkstoffe, welche extrahiert werden, etwas abweichen.

Dosierung:
Kleine Hunde 3 x täglich 4 Tropfen
Mittelgroße bis große Hunde 3 x täglich 6 Tropfen
Die Tinktur sollte nicht länger als 14 Tage am Stück gegeben werden.

Kiefernnadel-Tinktur

Die Nadeln der Kiefer wirken schleimlösend, adstringierend, schmerzlindernd, durchblutungsfördernd, antioxidativ, antiseptisch, entzündungshemmend, antibakteriell, antimykotisch, antiviral, antiparasitär, krebshemmend, harntreibend, kräftigend und entspannend. Sie lindern nicht nur Muskelkater und nervöse Erschöpfung, sondern verbessern auch die Durchblutung, wirken auf das Nervensystem ausgleichend und helfen bei Atemwegs- und Lungenbeschwerden, Asthma, grippalen Infekten und Schnupfen. Zudem helfen sie bei Rheuma, Leberbeschwerden, Harnwegsinfekten, Blasenentzündungen und lindern Halsschmerzen.
Die Nadeln enthalten hauptsächlich ätherische Öle vor allem Pinenen, Bitter- und Gerbstoffe, Flavonoide wie z. B. Kämpferol, Quercetin und Myrecitin, Anthocyane und Harze. Vitamine, Mineralstoffe und Spurenelemente sind ebenfalls enthalten. Auch Suramin ist enthalten. Ich emp-

fehle dazu folgendes unter: »Kiefernnadeln/Suramin – 100 Jahre nach Entdeckung wieder aktuell« nachzulesen:
(https://medizinzumselbermachen.de/rundbrief-oktober-2021/kiefernnadeln-suramin-100-jahre-nach-entdeckung-wieder-aktuell/).

Die Tinktur wird von den Kiefernnadeln und -sprossen hergestellt. Diese werden ausreichend gepflückt und anschließend klein geschnitten und in ein Glas, welches gut verschlossen werden kann, gefüllt. Nun gießen Sie das Ganze mit Doppelkorn auf, bis alles gut mit dem Alkohol bedeckt ist. Dies sollte nun an einem dunklen Ort ruhen und täglich kräftig durchgeschüttelt werden, damit sich die Wirkstoffe besser lösen können. Ich lasse das Ganze für ca. 4-6 Wochen ziehen.
Nach Ablauf der Wartezeit wird alles durch ein feinmaschiges Tuch oder einen Kaffeefilter gesiebt.
Die fertige Tinktur wird anschließend in braune, dicht verschließbare Braunglasflaschen oder Apothekerflaschen abgefüllt. Mit der Zeit kann sich ein Bodensatz bilden, welcher völlig normal ist. Wer das nicht möchte, kann den klaren Teil der Tinktur vorsichtig in eine weitere Flasche umfüllen. Ich schüttele vor Gebrauch einfach die Flasche.
Lagern Sie die fertige Tinktur bitte dunkel und kühl, so kann sie für gut zwei Jahre aufbewahrt werden. Beschriften nicht vergessen!

Dosierung:
Kleine Hunde 3 x täglich 4 Tropfen
Mittelgroße bis große Hunde 3 x täglich 6 Tropfen

Koriander-Tinktur

Eine Koriander-Tinktur findet hautsächlich ihre Anwendung bei Magen- und Darmbeschwerden, bei Husten und hilft bei der Entgiftung. Koriander besitzt unter anderem eine verdauungsfördernde, krampflösende,

blähungstreibende, milchbildende, blutreinigende, antibakterielle und pilzabtötende Wirkung. Koriander wird auch als „natürliches Antibiotikum" bezeichnet.
Das Koriandergrün beinhaltet hauptsächlich ätherische Öle, Vitamine und Mineralstoffe. In den Früchten (Coriandri fructus) sind überwiegend fettes Öl, ätherische Öle, vor allem Linalool, des weiteren Borneol, Cymen, Campher, Geraniol, Limonen und Pinen, Vitamin C, Flavonoide, Cumarine und Gerbstoffe enthalten.
Eine Koriander-Tinktur lässt sich sowohl von getrockneten Blättern und Früchten, als auch von frischen Blättern herstellen. Einzelbestandteile oder eine Mischung daraus sind möglich. Ich nehme auch hier lieber die getrockneten Blätter und Früchte für die Herstellung.
Zerstoßen Sie die Früchte mit einem Mörser und geben Sie diese in ein Glas, welches gut verschlossen werden kann. Dazu geben Sie getrocknete Blätter und füllen das Ganze mit Doppelkorn auf. Die Blätter und Früchte dürfen dabei gerne im Alkohol schwimmen.
Es sollte nun an einem dunklen Ort ruhen und ab und zu kräftig durchgeschüttelt werden, damit sich die Wirkstoffe besser lösen können. Ich lasse das Ganze dann 4 - 6 Wochen ziehen, je länger es zieht, desto konzentrierter wird die Tinktur. Nach Ablauf der Wartezeit wird es durch ein feinmaschiges Tuch oder einen Kaffeefilter gesiebt.
Die fertige Tinktur wird anschließend in braune, dicht verschließbare Braunglasflaschen oder Apothekerflaschen abgefüllt. Mit der Zeit kann sich ein Bodensatz bilden, welcher völlig normal ist. Wer das nicht möchte, kann den klaren Teil der Tinktur vorsichtig in eine weitere Flasche umfüllen. Ich schüttele vor Gebrauch einfach die Flasche.
Lagern Sie die fertige Tinktur bitte dunkel und kühl, so kann sie für gut zwei Jahre aufbewahrt werden. Beschriften nicht vergessen!

Alternativ für den schnelleren Gebrauch kann man eine Koriander-Tinktur auch ohne Alkohol herstellen. Diese ist jedoch nur für maximal 6 Wochen haltbar und muss regelmäßig auf Schimmelpilze begutachtet werden.
Gehen Sie genau so vor, wie oben beschrieben, und füllen das Gefäß anstelle von Alkohol mit Apfelessig auf. Das Ganze lassen Sie für 14 Tage an einem dunklen kühlen Ort stehen und schütteln es täglich auf. Dies ist hierbei nicht nur wichtig, um die Wirkstoffe lösen zu lassen, sondern auch um Schimmelbildung zu vermeiden.
Nach 14 Tagen sieben Sie den Ansatz, füllen die Tinktur ebenfalls in dunkle Fläschchen ab und beschriften diese. Am besten noch mit einem Haltbarkeitsdatum versehen. Beachten Sie bitte dabei, dass die Wirkstoffe, welche extrahiert werden, etwas abweichen.

Dosierung:
Kleine Hunde 3 x täglich 4 Tropfen
Mittelgroße bis große Hunde 3 x täglich 6 Tropfen
Bei starken Blähungen mit krampfartigen Beschwerden können die Tropfen auch 6 – 8 x am Tag verabreicht werden.

Lavendelblüten-Tinktur

Lavendel wirkt krampflösend, blähungstreibend, harntreibend, fiebersenkend, wundheilend, beruhigend und leicht antidepressiv, schmerzlindernd, gallefördernd, entzündungshemmend und desinfizierend. Das Kraut hilft bei Asthma, Husten, rheumatischen Schmerzen, Neuralgien, Ödemen, Kreislaufschwäche, Herzbeschwerden, Erschöpfungszuständen, Magenkrämpfen, Nervosität und Nervenschwäche.
Der echte Lavendel enthält vor allem ätherisches Öl mit Monoterpenen Linalylacetat und Linalool, Gerbstoffe, Terpene, Keton, Cumarin, Saponin und Phenolcarbonsäuren.

Geben Sie die Blüten in ein Glas, welches gut verschlossen werden kann, und füllen es mit Doppelkorn auf. Die Blüten dürfen dabei gerne im Alkohol schwimmen. Es sollte nun an einem dunkleren Ort ruhen und ab und zu kräftig durchgeschüttelt werden, damit sich die Wirkstoffe besser lösen können. Ich lasse das Ganze dann für 4 Wochen ziehen, je länger es zieht, desto konzentrierter wird die Tinktur. Nach Ablauf der Wartezeit wird alles durch ein feinmaschiges Tuch oder einen Kaffeefilter gesiebt.
Die fertige Tinktur wird anschließend in braune, dicht verschließbare Braunglasflaschen oder Apothekerflaschen abgefüllt. Mit der Zeit kann sich ein Bodensatz bilden, welcher völlig normal ist. Wer das nicht möchte, kann den klaren Teil der Tinktur vorsichtig in eine weitere Flasche umfüllen. Ich schüttele vor Gebrauch einfach die Flasche.
Lagern Sie die fertige Tinktur bitte dunkel und kühl, so kann sie für gut zwei Jahre aufbewahrt werden. Beschriften nicht vergessen!

Dosierung:
Kleine Hunde 3 x täglich 4 Tropfen
Mittelgroße bis große Hunde 3 x täglich 6 Tropfen

Lindenblüten-Tinktur

Die Blüten wirken beruhigend, entspannend, blutreinigend, entzündungshemmend, schleimlösend, hustenreizstillend, harn- und schweißtreibend, fiebersenkend und krampflösend. Sie helfen bei Katarrhen der Atemwege, bei Husten, Halsschmerzen, grippalen Infekten, Appetitlosigkeit, Harnwegsinfekten, Nieren- und Blasenentzündung, Ödemen, Rheuma, Ischialgie, Darmentzündung, Verstopfung, Schlaflosigkeit, Angstzuständen, Furunkeln, sie senken den Blutdruck, regen die Abwehrkräfte an und helfen bei der Wundheilung.

Lindenblüten enthalten hauptsächlich ätherische Öle, Farnesol, Gerbstoffe, Flavonoide, Saponine und Schleimstoffe.

Um eine Tinktur aus Lindenblüten herstellen zu können, benötigen Sie die Blüten. Diese werden ausreichend gepflückt und sollen anschließend an einem schattigen Ort anwelken. Im Juni/Juli ist die Hauptsammelzeit der Lindenblüten. Wenn Sie keine frischen Blüten verwenden möchten, können Sie auch getrocknete Lindenblüten im Fachgeschäft kaufen.

Geben Sie die Blüten in ein Glas, welches gut verschlossen werden kann, und füllen das Ganze mit Doppelkorn auf. Die Blüten dürfen dabei gerne im Alkohol schwimmen.

Es sollte nun an einem dunklen Ort ruhen und täglich kräftig durchgeschüttelt werden, damit sich die Wirkstoffe besser lösen können. Ich lasse das Ganze dann 4 Wochen ziehen. Nach Ablauf der Wartezeit wird es durch ein feinmaschiges Tuch oder einen Kaffeefilter gesiebt.

Die fertige Tinktur wird anschließend in braune, dicht verschließbare Braunglasflaschen oder Apothekerflaschen abgefüllt. Mit der Zeit kann sich ein Bodensatz bilden, welcher völlig normal ist. Wer das nicht möchte, kann den klaren Teil der Tinktur vorsichtig in eine weitere Flasche umfüllen. Ich schüttele vor Gebrauch einfach die Flasche.

Lagern Sie die fertige Tinktur bitte dunkel und kühl, so kann sie für gut zwei Jahre aufbewahrt werden. Beschriften nicht vergessen!

Dosierung:
Kleine Hunde 3 x täglich 4 Tropfen
Mittelgroße bis große Hunde 3 x täglich 6 Tropfen
Die Tinktur kann für 2 bis 4 Wochen zur Anwendung kommen, danach sollte eine Pause erfolgen.

Löwenzahn-Tinktur

Löwenzahn wirkt harntreibend, blutreinigend, krebshemmend, appetitanregend, lindert Hauterkrankungen und Entzündungen der Atemwege, stärkt das Immunsystem, ist hilfreich bei Leber-, Galle- und Verdauungsbeschwerden, gut bei Rheuma und Blähungen.

Löwenzahn enthält Bitterstoffe, Flavonoide, Cumarine, Phytosterole, viel Beta Carotin, Triterpene, Lutein, Inulin, Vitamin C, B_1, B_2, K, E, Cholin, Pantothensäure, Kalium, Calcium, Magnesium, Phosphor und Eisen.
Zur Herstellung einer Tinktur kommt die ganze Pflanze zur Anwendung, inklusive der Wurzel. Diese wird ausreichend gepflückt, gesäubert und soll anschließend an einem schattigen Ort für einen Tag anwelken. Danach wird der Löwenzahn klein geschnitten und in ein Glas gegeben, welches gut verschlossen werden kann. Nun gießen Sie das Ganze mit Doppelkorn auf, sodass alles gut mit dem Alkohol bedeckt ist.
Es sollte nun an einem dunklen Ort ruhen und täglich kräftig durchgeschüttelt werden, damit sich die Wirkstoffe besser lösen können. Ich lasse das Ganze dann ca. 4 - 6 Wochen ziehen. Nach Ablauf der Wartezeit wird es durch ein feinmaschiges Tuch oder einen Kaffeefilter gesiebt.
Die fertige Tinktur wird anschließend in braune, dicht verschließbare Braunglasflaschen oder Apothekerflaschen abgefüllt. Mit der Zeit kann sich ein Bodensatz bilden, welcher völlig normal ist. Wer das nicht möchte, kann den klaren Teil der Tinktur vorsichtig in eine weitere Flasche umfüllen. Ich schüttele vor Gebrauch einfach die Flasche.
Lagern Sie die fertige Tinktur bitte dunkel und kühl, so kann sie für gut zwei Jahre aufbewahrt werden. Beschriften nicht vergessen!

Dosierung:
Kleine Hunde 3 x täglich 4 Tropfen
Mittelgroße bis große Hunde 3 x täglich 6 Tropfen

Mariendiestel-Tinktur

Die Früchte wirken leberentgiftend, leberschützend und -stärkend, leberzellbildend, galletreibend, verdauungsfördernd, zirkulationsfördernd, krampflösend im Galle-Darm-Bereich und entzündungshemmend. Mariendistelfrüchte helfen bei Galle- und Verdauungsbeschwerden, Verstop-

fung, Übelkeit, Lebererkrankungen, Leberentzündungen, Leberzirrhose, Fettleber, Vergiftungen der Leber, Beschwerden im Milzbereich, bei Schlaflosigkeit sowie Herz- und Kreislaufbeschwerden.
Die Mariendistelfrüchte enthalten Silymarin, dieses ist ein Gemisch der Flavanonolderivate Silibinin, Isosilibinin, Silicristin und Silidianin, Bitterstoffe, Schleimstoffe, fettreiches Öl, bestehend aus Fettsäuren wie Linol- und Ölsäure, sowie ätherische Öle und reichlich Eiweiß.
Zur Herstellung einer Tinktur kommen die Früchte (Samen) zur Anwendung. Sie sollten, bevor sie in das Glas kommen, gemahlen werden, oder Sie kaufen sich gleich gemahlene Samen.
Geben Sie das Pulver in ein Glas, welches gut verschlossen werden kann, und füllen das Ganze mit Doppelkorn auf, sodass alles gut mit dem Alkohol bedeckt ist. Achtung! Die Samen saugen viel Alkohol auf, sie benötigen daher viel mehr Alkohol, als bei der üblichen Tinktur-Herstellung. Es gibt Anleitungen, das Pulver vorab für einige Stunden in Wasser einzuweichen und dann wieder auszudrücken, bevor der Alkohol hinzu kommt. Ich finde, dass hierbei wichtige (wasserlösliche) Stoffe verloren gehen, und nehme den größeren Alkoholverbrauch in Kauf.
Das Ganze sollte nun an einem warmen, hellen Ort ruhen und täglich kräftig durchgeschüttelt werden, damit sich die Wirkstoffe besser lösen können. Ich lasse es ca. 4 - 6 Wochen ziehen. Nach Ablauf der Wartezeit wird das Ganze durch ein feinmaschiges Tuch oder einen Kaffeefilter gesiebt. Dieser Vorgang benötigt auch mehr Zeit als üblich. Den Rest, der im Sieb hängen bleibt, drücke ich mit einem Tuch noch einmal kräftig aus.
Die fertige Tinktur wird anschließend in braune, dicht verschließbare Braunglasflaschen oder Apothekerflaschen abgefüllt. Mit der Zeit kann sich ein Bodensatz bilden, welcher völlig normal ist. Wer das nicht möchte, kann den klaren Teil der Tinktur vorsichtig in eine weitere Flasche umfüllen. Ich schüttele vor Gebrauch einfach die Flasche.
Lagern Sie die fertige Tinktur bitte dunkel und kühl, so kann sie für gut zwei Jahre aufbewahrt werden. Beschriften nicht vergessen!

Dosierung:
Kleine Hunde 3 x täglich 4 Tropfen
Mittelgroße bis große Hunde 3 x täglich 6 Tropfen

Melisse-Tinktur

Zitronenmelisse wirkt hauptsächlich krampflösend, virushemmend, antibakteriell, antimykotisch, appetitanregend, blutdrucksenkend, schmerzlindernd, sie beruhigt den Magen und die Nerven, lindert Zahn-, Ohrenschmerzen und Asthma, kräftigt das Herz, ist hilfreich bei Erkältungen, Fieber und bei Blähungen, stärkt die Leber und ist hilfreich bei Milchstau.
Die Melisse enthält neben ihrem ätherischen Öl Citral, Geranial, Neral und Citronellal auch Bitterstoffe, Gerbstoffe, Harz, Schleim, Glykosid, Saponin, Thymol, Flavonoide und Mineralsalze wie Calcium, Kalium, Magnesium, Phosphor, Mangan, Zink, Eisen, Kupfer, außerdem die Vitamine A, C, B_1, B_2, B_6, E, K, Folsäure, Niacin, Beta-Carotin und Oantothensäure sind ebenfalls Inhaltsstoffe der Zitronenmelisse.
Zur Herstellung einer Tinktur kommen die Blätter zur Anwendung. Diese werden ausreichend gepflückt und sollen anschließend an einem schattigen Ort anwelken.
Geben Sie die Blätter in ein Glas, welches gut verschlossen werden kann, und füllen das Ganze mit Doppelkorn auf, sodass alles gut mit dem Alkohol bedeckt ist. Es sollte nun an einem warmen, hellen Ort ruhen und täglich kräftig durchgeschüttelt werden, damit sich die Wirkstoffe besser lösen können. Ich lasse das Ganze dann ca. 4 - 6 Wochen ziehen. Nach Ablauf der Wartezeit wird es durch ein feinmaschiges Tuch oder einen Kaffeefilter gesiebt.
Die fertige Tinktur wird anschließend in braune, dicht verschließbare Braunglasflaschen oder Apothekerflaschen abgefüllt. Mit der Zeit kann

sich ein Bodensatz bilden, welcher völlig normal ist. Wer das nicht möchte, kann den klaren Teil der Tinktur vorsichtig in eine weitere Flasche umfüllen. Ich schüttele vor Gebrauch einfach die Flasche.
Lagern Sie die fertige Tinktur bitte dunkel und kühl, so kann sie für gut zwei Jahre aufbewahrt werden. Beschriften nicht vergessen!

Dosierung:
Kleine Hunde 3 x täglich 4 Tropfen
Mittelgroße bis große Hunde 3 x täglich 6 Tropfen

Minz-Tinktur

Minze wirkt antibakteriell, antiviral, beruhigend, krampflösend, krebsvorbeugend, entzündungshemmend, herz- und nierenkräftigend, kühlend, schmerzlindernd, appetitanregend, verdauungsanregend, lindert Schmerzen, vor allem Zahn-, Nerven- und Rheumaschmerzen, ist hilfreich bei Durchfall, regt die Gallenfluss- und Gallensaftproduktion an, ist hilfreich bei Erkältungskrankheiten, lindert Blähungen und Übelkeit und ist gut bei Magen- und Darmbeschwerden.
Ätherische Öle, insbesondere das Menthol, und in kleinen Mengen Bitter- und Gerbstoffe sowie Flavonoide, Valeriansäure, Lipide und Enzyme sind die Inhaltsstoffe der Minze. Vitamin B_1, B_2, A, C, E, K, Niacin, Pantothensäure, Folsäure, Calcium, Kupfer, Ballaststoffe, Beta-Carotine, Eisen, Magnesium, Mangan, Niacin, Phosphor, Kalium und etwas Zink sind ebenfalls enthalten.
Zur Herstellung einer Tinktur kommen die Blätter zur Anwendung. Diese werden ausreichend gepflückt und sollen anschließend an einem schattigen Ort anwelken.
Geben Sie die Blätter danach in ein Glas, welches gut verschlossen werden kann, und füllen das Ganze mit Doppelkorn auf, sodass alles gut mit dem Alkohol bedeckt ist. Es sollte nun an einem warmen, hellen Ort ru-

hen und täglich kräftig durchgeschüttelt werden, damit sich die Wirkstoffe besser lösen können. Ich lasse das Ganze dann ca. 4 - 6 Wochen ziehen. Nach Ablauf der Wartezeit wird es durch ein feinmaschiges Tuch oder einen Kaffeefilter gesiebt.
Die fertige Tinktur wird anschließend in braune, dicht verschließbare Braunglasflaschen oder Apothekerflaschen abgefüllt. Mit der Zeit kann sich ein Bodensatz bilden, welcher völlig normal ist. Wer das nicht möchte, kann den klaren Teil der Tinktur vorsichtig in eine weitere Flasche umfüllen. Ich schüttele vor Gebrauch einfach die Flasche.
Lagern Sie die fertige Tinktur bitte dunkel und kühl, so kann sie für gut zwei Jahre aufbewahrt werden. Beschriften nicht vergessen!

Dosierung:
Kleine Hunde 3 x täglich 4 Tropfen
Mittelgroße bis große Hunde 3 x täglich 6 Tropfen

Olivenblatt-Tinktur

Olivenblätter wirken entzündungshemmend, antibakteriell, antiviral, antimykotisch, antioxidativ, harntreibend, krampflösend, krebshemmend, schmerzlindernd, kräftigend, fieber-, cholesterin- und blutdrucksenkend, stoffwechselharmonisierend, immunstärkend und antiparasitär. Sie sind gut für Leber und Nieren, hilfreich bei Durchfall, Arteriosklerose, Arthritis, Gicht und Blasenentzündungen, kräftigen das Immunsystem, helfen verletztes Bindegewebe schneller zu regenerieren, wirken muskelaufbauend, fördern die Wundheilung, verlangsamen den Alterungsprozess, kräftigen das Nervensystem und schützen vor Strahlung (Röntgen-, UV- und radioaktive Strahlung). Sie können ebenso bei der Beandlung von MSRA Keimen und Helicobakter ihren Einsatz finden.
Hauptinhaltsstoffe sind vor allem Hydroxytyrosol und Oleuropein (Antioxidantien), Polyphenole, Flavonoide, Polyphenole, Terpene, Rutin,

Hesperidin, Quercetin, Bitterstoffe, ungesättigte Fettsäuren, Vitamine und Mineralstoffe.
Zur Herstellung einer Tinktur kommen die jungen Olivenblätter zur Anwendung. Ich nehme hierfür gerne auch die Wildtriebe oder Rückschnitte. Diese werden ausreichend gepflückt, anschließend lassen Sie diese an einem schattigen Ort für 1-2 Tage anwelken. Danach werden die Blätter klein geschnitten und in ein Glas gefüllt, welches gut verschlossen werden kann. Nun gießen Sie das Ganze mit Doppelkorn auf, sodass alles gut mit dem Alkohol bedeckt ist.
Dies sollte nun an einem dunklen Ort ruhen und täglich kräftig durchgeschüttelt werden, damit sich die Wirkstoffe besser lösen können. Ich lasse es dann für ca. 4-6 Wochen ziehen.
Nach Ablauf der Wartezeit wird das Ganze durch ein feinmaschiges Tuch oder einen Kaffeefilter gesiebt.
Die fertige Tinktur wird anschließend in braune, dicht verschließbare Braunglasflaschen oder Apothekerflaschen abgefüllt. Mit der Zeit kann sich ein Bodensatz bilden, welcher völlig normal ist. Wer das nicht möchte, kann den klaren Teil der Tinktur vorsichtig in eine weitere Flasche umfüllen. Ich schüttele vor Gebrauch einfach die Flasche.
Lagern Sie die fertige Tinktur bitte dunkel und kühl, so kann sie gute 2 Jahre aufbewahrt werden. Beschriften nicht vergessen!

Dosierung:
Kleine Hunde 3 x täglich 4 Tropfen
Mittelgroße bis große Hunde 3 x täglich 6 Tropfen.
Im Akutfall kann die Tinktur auch bis zu 8 x am Tag angewandt werden.

Propolis-Tinktur

Die Inhaltsstoffe von Propolis sind u. a. Harz, Wachs, Pollen, ätherische Öle, Mineralstoffe, Spurenelemente, Vitamine, Enzyme und sekundäre

Pflanzenstoffe wie z. B. Flavonoide. Besonders wegen der Flavonoide gilt Propolis als natürliches Antibiotikum, da diese antioxydativ, entzündungshemmend, pilztötend, antibakteriell, antiviral und krebshemmend wirken. Propolis ist nicht nur gut für das Immunsystem Ihres Hundes, sondern fördert auch den Zellaufbau. Außerdem kann die Tinktur bei Störungen der Darmflora, bei Zahnwurzelentzündungen, Entzündungen im Maul und bei Infektionen der Atemwege angewendet werden.

Um eine Propolis-Tinktur selbst herzustellen, benötigen Sie ca. 50 g Propolis als Pulver oder als kleine Stückchen vom Imker.

Geben Sie das zerkleinerte Propolis in ein Schraubglas, übergießen Sie es mit 500 ml 70 %-igem Alkohol und rühren Sie so lange, bis es sich aufgelöst hat. Je größer die Stücke sind, desto länger dauert der Vorgang. Verschließen Sie das Glas und stellen es für 6 Wochen an einen kühlen dunklen Ort. Schwenken Sie das Glas alle 2 - 3 Tage. Dass man hierfür unbedingt einen 70 %-igen Alkohol verwenden sollte, liegt daran, dass bestimmte Wirkstoffe erst ab einem 70 %-igem Alkohol entzogen werden können. Höher sollte der Alkoholgehalt jedoch nicht sein, denn das kann die enthaltenen Enzyme in ihrer Molekülstruktur schädigen und somit unwirksam werden.

Nach Ablauf der Wartezeit wird das Ganze durch ein feinmaschiges Tuch oder einen Kaffeefilter gesiebt.

Die fertige Tinktur wird anschließend in braune, dicht verschließbare Braunglasflaschen oder Apothekerflaschen abgefüllt und beschriftet.

Lagern Sie die fertige Tinktur bitte dunkel und kühl, so kann sie gut ein Jahr lang aufbewahrt werden.

Die Tinktur eignet sich sehr gut zur Weiterverarbeitung in Salben.

Dosierung:

Beginnen Sie mit 3 x täglich 1 - 2 Tropfen, um eine eventuelle allergische Reaktion zu vermeiden. Wird dies gut vertragen, können Sie die Dosis langsam erhöhen. Die Tropfen können auch dem Trinkwasser beigemengt

werden. Geben Sie maximal 30 Tropfen am Tag für einen großen Hund. Sie können die Dosis auch auf 4 x täglich aufteilen.
Wenn man nur die Abwehrkräfte steigern möchte, bekommen kleine Hunde 3 x täglich 3 Tropfen, mittelgroße bis große Hunde 3 x täglich 6 - 8 Tropfen. Eine Kur sollte nicht länger als 4 Wochen lang durchgeführt werden.

Ringelblumen-Tinktur

Die Pflanze wirkt entzündungshemmend, antibakteriell, zusammenziehend, krampflösend, wundheilend, schmerzstillend, befeuchtend, abschwellend, anregend, pilzhemmend, schweißtreibend und kühlend. Sie hilft bei Brechreiz, Leber- und Gallenbeschwerden, Magen- und Darmstörungen, Ängsten, Zerrungen, Quetschungen, Furunkeln, Hautleiden, Entzündungen und Vereiterungen der Haut, Schnittwunden und Warzen. Hauptsächlich wird die Ringelblume äußerlich angewendet und ihre Tinktur in Salben weiterverarbeitet.
Die Ringelblume enthält hauptsächlich ätherisches Öl mit Sesquiterpenen (u. a. Cadinol), Carotinoide, Flavonoide, Tripterpenalkohole, Glykoside, Schleim- und Bitterstoffe, Salizylsäure, Beta-Sitosterol, Saponine, Calendula-Sapogenin, Stigmasterol, Taraxasterol, Violaxanthin, Xanthophylle und Vitamin C.
Geben Sie die Blüten in ein Glas, welches gut verschlossen werden kann, und füllen das Glas mit Doppelkorn auf. Die Blüten dürfen dabei gerne im Alkohol schwimmen.
Es sollte nun an einem dunkleren Ort ruhen und ab und zu kräftig durchgeschüttelt werden, damit sich die Wirkstoffe besser lösen können. Ich lasse das Ganze für 4 Wochen ziehen, je länger es zieht, desto konzentrierter wird die Tinktur. Nach Ablauf der Wartezeit wird alles durch ein feinmaschiges Tuch oder einen Kaffeefilter gesiebt.

Die fertige Tinktur wird anschließend in braune, dicht verschließbare Braunglasflaschen oder Apothekerflaschen abgefüllt. Mit der Zeit kann sich ein Bodensatz bilden, welcher völlig normal ist. Wer das nicht möchte, kann den klaren Teil der Tinktur vorsichtig in eine weitere Flasche umfüllen. Ich schüttele vor Gebrauch einfach die Flasche.
Lagern Sie die fertige Tinktur bitte dunkel und kühl, so kann sie für gut zwei Jahre aufbewahrt werden. Beschriften nicht vergessen!
Alternativ für den schnelleren Gebrauch kann man eine Ringelblumen-Tinktur auch ohne Alkohol herstellen. Diese ist jedoch nur für maximal 6 Wochen haltbar und muss regelmäßig auf Schimmelpilze begutachtet werden.
Gehen Sie genau so vor, wie oben beschrieben, und füllen das Gefäß anstelle von Alkohol mit Apfelessig auf. Das Ganze lassen Sie 14 Tage lang an einem dunklen kühlen Ort stehen und schütteln es täglich auf. Dies ist hierbei nicht nur wichtig, um die Wirkstoffe lösen zu lassen, sondern auch um Schimmelbildung zu vermeiden. Nach 14 Tagen sieben Sie den Ansatz, füllen die Tinktur ebenfalls in dunkle Fläschchen ab und beschriften diese. Am besten noch mit einem Haltbarkeitsdatum versehen. Beachten Sie bitte dabei, dass die Wirkstoffe, welche extrahiert werden, etwas abweichen.

Dosierung:
Kleine Hunde 3 x täglich 4 Tropfen
Mittelgroße bis große Hunde 3 x täglich 6 Tropfen

Rosmarin-Tinktur

Das Kraut wirkt appetitanregend, durchblutungsfördernd, antibakteriell, pilztötend, entzündungshemmend, blutreinigend, schmerzlindernd, vitalisierend, es löst Krämpfe und schützt das Herz. Die Tinktur findet ihre Anwendung bei Durchfall, Blähungen, sie lindert Entzündungen im

Maul- und Rachenraum, ist gut für die Haut, hilfreich bei Nervenentzündungen, stärkt das Herz und den Kreislauf und unterstützt die Rheumatherapie. Auch wenn die Hunde sehr nervös sind und Depressionen aufweisen, kann die Tinktur zur Anwendung kommen.
Rosmarin enthält vorwiegend die ätherischen Öle und Duftstoffe Kampfer, Verbanol, Eugenol, Limonen, Cineol, Borneol, Terpinol und Thymol. Aber auch Harze, Gerbstoffe, Flavonoide, Bitterstoffe, Pflanzensäuren, Salicylate und Saponine sind enthalten. Calcium, Kalium, Magnesium und Zink sind ebenfalls Inhaltsstoffe von Rosmarin.
Eine Rosmarin-Tinktur lässt sich sowohl von getrockneten, als auch von frischen Zweigen herstellen.
Geben Sie die Zweige in ein Glas, welches gut verschlossen werden kann, und füllen das Ganze mit Doppelkorn auf. Die Zweige dürfen dabei gerne im Alkohol schwimmen. Es sollte nun an einem dunklen Ort ruhen und ab und zu kräftig durchschüttelt werden, damit sich die Wirkstoffe besser lösen können. Ich lasse das Ganze dann 4 - 6 Wochen ziehen, je länger es zieht, desto konzentrierter wird die Tinktur. Nach Ablauf der Wartezeit wird es durch ein feinmaschiges Tuch oder einen Kaffeefilter gesiebt.
Die fertige Tinktur wird anschließend in braune, dicht verschließbare Braunglasflaschen oder Apothekerflaschen abgefüllt. Mit der Zeit kann sich ein Bodensatz bilden, welcher völlig normal ist. Wer das nicht möchte, kann den klaren Teil der Tinktur vorsichtig in eine weitere Flasche umfüllen. Ich schüttele vor Gebrauch einfach die Flasche.
Lagern Sie die fertige Tinktur bitte dunkel und kühl, so kann sie für gut zwei Jahre aufbewahrt werden. Beschriften nicht vergessen!

Alternativ für den schnelleren Gebrauch kann man eine Rosmarin-Tinktur auch ohne Alkohol herstellen. Diese ist jedoch nur für maximal 6 Wochen haltbar und muss regelmäßig auf Schimmelpilze begutachtet werden.

Gehen Sie genau so vor, wie oben beschrieben, und füllen das Gefäß anstelle von Alkohol mit Apfelessig auf. Das Ganze lassen Sie 14 Tage lang an einem dunklen kühlen Ort stehen und schütteln es täglich auf.

Gehen Sie genau so vor, wie oben beschrieben, und füllen das Gefäß anstelle von Alkohol mit Apfelessig auf. Das Ganze lassen Sie 14 Tage lang an einem dunklen kühlen Ort stehen und schütteln es täglich auf. Dies ist hierbei nicht nur wichtig, um die Wirkstoffe lösen zu lassen, sondern auch um Schimmelbildung zu vermeiden.
Nach 14 Tagen sieben Sie den Ansatz, füllen die Tinktur ebenfalls in dunkle Fläschchen ab und beschriften diese. Am besten noch mit einem Haltbarkeitsdatum versehen. Beachten Sie bitte dabei, dass die Wirkstoffe, welche extrahiert werden, etwas abweichen.

Dosierung:
Kleine Hunde 3 x täglich 4 Tropfen
Mittelgroße bis große Hunde 3 x täglich 6 Tropfen

Rosskastanien-Tinktur

Diese Tinktur ist **nur für die äußerliche Anwendung** Ihres Schützlings geeignet!
Sie hilft bei Hautproblemen, wie z. B. schorfige Hautstellen, Ekzemen, Akne, Wunden, aber auch um die Durchblutung der Haut zu fördern und ist bei Rheuma und Gelenkschmerzen anwendbar.
Die wichtigsten Inhaltsstoffe sind Aesculin, Aescin, Alantoin, Angelinsäure, Bitterstoffe, Kampferöl, Cholin, Cyanidin, Flavone, Flavonglykoside, Fraxin, Gerbstoffe, Cumarine, Linolensäure und Saponine.
Bei dieser Herstellungsmethode wird die Tinktur aus der ganzen Frucht hergestellt.
Die Früchte werden gewaschen, getrocknet und klein geschnitten, je kleiner sie geschnitten werden, desto kürzer müssen die Früchte im Alkohol ruhen. Geben Sie die klein geschnittenen Kastanien in ein Gefäß, welches gut verschlossen werden kann, und füllen so viel Doppelkorn oder Wod-

ka hinein, bis die Früchte komplett bedeckt sind. Das Gefäß gut verschließen und für 6 Wochen an einen dunkeln warmen Ort stellen. Gelegentlich sollte das Ganze geschüttelt werden, damit sich die Wirkstoffe besser lösen können. Der Ansatz wird mit der Zeit milchiger und dann brauner.

Wer die Tinktur später für eine weiße Creme weiter verarbeiten möchte, kann auch die Früchte vor dem Ansetzen schälen, dann bleibt die Tinktur milchig. Nach Ablauf der Wartezeit wird das Ganze durch ein feinmaschiges Tuch oder einen Kaffeefilter gesiebt.

Die fertige Tinktur wird in braune, dicht verschließbare Braunglasflaschen oder Apothekerflaschen abgefüllt. Mit der Zeit kann sich ein Bodensatz bilden, welcher völlig normal ist. Wer das nicht möchte, kann den klaren Teil der Tinktur vorsichtig in eine weitere Flasche umfüllen. Ich schüttele vor Gebrauch einfach die Flasche.

Lagern Sie die fertige Tinktur bitte dunkel und kühl, so kann sie für gut ein Jahr aufbewahrt werden. Mit der Zeit kann sie nachdunkeln, auch das ist normal. Beschriften nicht vergessen!

Anwendung:
Sie können die betroffene Region oder Stelle 2 – 3 x täglich mit der unverdünnten Tinktur dünn einreiben.
Das Ablecken der Tinktur sollte unterbunden werden!
Wunden oder entzündliche Hautstellen werden besser mit Waschungen oder Kompressen behandelt. Hierfür wird die Tinktur 1:2 verdünnt, also ein Teil Tinktur auf zwei Teile abgekochtes Wasser.
Offene Wunden bitte ganz vorsichtig behandeln. Rosskastanien enthalten Glykonsine und Saponine, letztere wirken zwar desinfizierend, aber durch Wunden gehen diese sofort ins Blut über und können Bauchschmerzen, Übelkeit, bis hin zum Erbrechen hervorrufen. Aus diesem Grund bei Hunden bitte bei Wunden die Tinktur **verdünnt** und vorsichtig anwenden!
Wer sicher gehen möchte, sollte die Tinktur nur zur Weiterverarbeitung herstellen und dann erst anwenden. Weiterverarbeiten lässt sich die Tinktur z. B. in Cremes und Salben.

Achtung: Bei Hunden die Tinktur **niemals oral** anwenden!

Salbei-Tinktur

Salbei wirkt vor allem antibakteriell, antiviral, blutstillend, harntreibend, krampflösend, magen- und leberkräftigend. Die Pflanze ist gut bei Hauterkrankungen, Durchfall, bei Husten und Lungenschwäche, lindert Schmerzen bei geschwollenen Milchleisten und hemmt die Milchbildung, regt die Wundheilung an, ist gut bei Verdauungsschwäche und Verstopfung, ist hilfreich bei Zahnfleischentzündungen und Zahnfleischbluten,

lindert Nervenschwäche und Hals- und Rachenentzündungen und wirkt sich positiv auf Gehirn, Augen und Drüsen aus.
In Salbei sind vor allem ätherische Öle, d-Kampfer, Salviol, Salven, Betulin, Asparagin, Bitterstoffe, Borneol, Carnosinsäure, Zineol, Flavonoide, Fumarsäure, Gerbsäure, Harz, Ledol, Limonen, Menthol, östrogenartige Stoffe, Oleanolsäure, Pinen, Sabinol, Salizylsäure, Saponine, Terpineol, Thujon, Thymol, Magnesium, Calcium und Zink sowie Vitamine enthalten.
Zur Herstellung einer Tinktur kommen die Blätter zur Anwendung. Diese werden ausreichend gepflückt und sollen anschließend an einem schattigen Ort 2 bis 3 Tage anwelken.
Geben Sie die Blätter danach in ein Glas, welches gut verschlossen werden kann, und füllen das Ganze mit Doppelkorn auf, sodass alles gut mit dem Alkohol bedeckt ist. Es sollte nun an einem warmen, hellen Ort ruhen und täglich kräftig durchgeschüttelt werden, damit sich die Wirkstoffe besser lösen können. Ich lasse das Ganze ca. 4 - 6 Wochen ziehen. Nach Ablauf der Wartezeit wird es durch ein feinmaschiges Tuch oder einen Kaffeefilter gesiebt.
Die fertige Tinktur wird anschließend in braune, dicht verschließbare Braunglasflaschen oder Apothekerflaschen abgefüllt. Mit der Zeit kann sich ein Bodensatz bilden, welcher völlig normal ist. Wer das nicht möchte, kann den klaren Teil der Tinktur vorsichtig in eine weitere Flasche umfüllen. Ich schüttele vor Gebrauch einfach die Flasche.
Lagern Sie die fertige Tinktur bitte dunkel und kühl, so kann sie für gut zwei Jahre aufbewahrt werden. Beschriften nicht vergessen!

Dosierung:
Kleine Hunde 3 x täglich 4 Tropfen
Mittelgroße bis große Hunde 3 x täglich 6 Tropfen

Schafgarben-Tinktur

Schafgarbe wirkt vor allem appetitanregend, entzündungshemmend, antibakteriell, krampflösend, blutreinigend und fördert die Produktion von Verdauungssäften. Sie hilft bei grippalen Infekten, Blähungen, Verdauungsschwäche, Gallebeschwerden, Gastritis, Nierenschwäche, Diabetes, Rheuma, Neuralgien, Herz- und Kreislaufschwäche, Durchblutungsstörungen, Ekzemen, Geschwüren, rissigen Fußballen, wunde Brustwarzen (säugende Hündinnen) und bei der Wundheilung.

Hauptsächlich beinhaltet die Schafgarbe ätherische Öle, Proazulen, Gerbstoffe, Flavonoide, Bitterstoffe, Alkaloide, Triterpene und Mineralstoffe, vor allem Kalium.

Zur Herstellung einer Tinktur kommen die Blätter und Blüten zur Anwendung. Diese werden ausreichend gepflückt und sollen anschließend an einem schattigen Ort anwelken.

Geben Sie die Blätter und Blüten in ein Glas, welches gut verschlossen werden kann, und füllen das Ganze mit Doppelkorn auf, sodass alles gut mit dem Alkohol bedeckt ist.

Es sollte nun an einem warmen, hellen Ort ruhen und täglich kräftig durchgeschüttelt werden, damit sich die Wirkstoffe besser lösen können. Ich lasse das Ganze ca. 4 - 6 Wochen ziehen. Nach Ablauf der Wartezeit wird es durch ein feinmaschiges Tuch oder einen Kaffeefilter gesiebt.

Die fertige Tinktur wird anschließend in braune, dicht verschließbare Braunglasflaschen oder Apothekerflaschen abgefüllt. Mit der Zeit kann sich ein Bodensatz bilden, welcher völlig normal ist. Wer das nicht möchte, kann den klaren Teil der Tinktur vorsichtig in eine weitere Flasche umfüllen. Ich schüttele vor Gebrauch einfach die Flasche.

Lagern Sie die fertige Tinktur bitte dunkel und kühl, so kann sie für gut zwei Jahre aufbewahrt werden. Beschriften nicht vergessen!

Die Weiterverarbeitung dieser Tinktur in Salben hat sich ebenfalls bewährt. Außerdem lässt sich die Tinktur äußerlich als Kompresse anwenden oder verdünnt als Waschung oder Teilbad.

Dosierung:
Kleine Hunde 3 x täglich 4 Tropfen
Mittelgroße bis große Hunde 3 x täglich 6 Tropfen

Schlüsselblumen-Tinktur

Die Schlüsselblume wirkt abführend, auswurffördernd, harntreibend, krampflösend, beruhigend, fiebersenkend, stoffwechselanregend, schmerzstillend, herzkräftigend und entzündungshemmend. Sie hilft bei grippalen Infekten, Husten, Zahnfleischentzündung, Rheuma, Herzschwäche, Neuralgien, Nervosität, Ödemen, Wassersucht, Verstopfung, Prellungen und Maulfäule.

Schlüsselblumen beinhalten hauptsächlich Flavonoide, Saponine, ätherische Öle, Gerbstoffe, Glykoside, Kieselsäure und andere wertvolle Mineralstoffe.
Um diese Tinktur herstellen zu können, benötigen Sie entweder frische oder getrocknete Blüten. Wenn Sie frische Blüten verwenden, lassen Sie diese bitte zuerst anwelken. Geben Sie dann die Blüten in ein Glas, welches gut verschlossen werden kann, und füllen das Ganze mit Doppelkorn auf. Achten bitte gut darauf, dass die Blüten mit dem Alkohol vollständig bedeckt sind, um Schimmelbildung vorzubeugen.
Es sollte nun an einem dunklen Ort ruhen und täglich kräftig durchgeschüttelt werden, damit sich die Wirkstoffe besser lösen können und die oberen Blüten immer wieder mit dem Alkohol in Berührung kommen. Ich lasse das Ganze dann 3 - 4 Wochen ziehen. Nach Ablauf der Wartezeit wird es durch ein feinmaschiges Tuch oder einen Kaffeefilter gesiebt.
Die fertige Tinktur wird anschließend in braune, dicht verschließbare Braunglasflaschen oder Apothekerflaschen abgefüllt. Mit der Zeit kann sich ein Bodensatz bilden, welcher völlig normal ist. Wer das nicht möchte, kann den klaren Teil der Tinktur vorsichtig in eine weitere Flasche umfüllen. Ich schüttele vor Gebrauch einfach die Flasche.
Lagern Sie die fertige Tinktur bitte dunkel und kühl, so kann sie für gut zwei Jahre aufbewahrt werden. Beschriften nicht vergessen!
Alternativ für den schnelleren Gebrauch kann man eine Schlüsselblumen-Tinktur auch ohne Alkohol herstellen. Diese ist jedoch nur für maximal 6 Wochen haltbar und muss regelmäßig auf Schimmelpilze begutachtet werden.
Gehen Sie genau so vor, wie oben beschrieben, und füllen das Gefäß anstelle von Alkohol mit Apfelessig auf. Das Ganze lassen Sie 14 Tage lang an einem dunklen kühlen Ort stehen und schütteln es täglich auf. Dies ist hierbei nicht nur wichtig, um die Wirkstoffe lösen zu lassen, sondern auch um Schimmelbildung zu vermeiden. Nach 14 Tagen sieben Sie den Ansatz, füllen die Tinktur ebenfalls in dunkle Fläschchen ab und beschriften sie. Am besten noch mit einem Haltbarkeitsdatum versehen.

Beachten Sie bitte dabei, dass die Wirkstoffe, welche extrahiert werden, etwas abweichen.

Dosierung:
Kleine Hunde 3 x täglich 4 Tropfen
Mittelgroße bis große Hunde 3 x täglich 6 Tropfen
Verdünnt lässt sich die Tinktur auch äußerlich anwenden. Vor allem bei Nervenschmerzen und Pilzinfektionen ist sie dabei sehr hilfreich.

Spitzwegerich-Tinktur

Spitzwegerich wirkt vor allem blutreinigend, blutstillend, appetitanregend, antibakteriell, entzündungshemmend, harntreibend, schleimlösend, wirkt gut bei Asthma, Bronchitis, Erkältungskrankheiten, hilft bei Leberschwäche, Augenentzündungen, Blasenschwäche, Fettsucht, Ödemen, Durchfall und bei Verstopfung (Regulierung), lindert Magen- und Darmschleimhaut-Entzündungen, wirkt gegen Soor (Candida albicans), ist hilfreich bei leichten Verbrennungen, gut für die Haut, fördert die Wundheilung und lindert Insektenstiche und Quetschungen.
Spitzwegerich enthält Iridoidglycoside wie Aucubin, Catalpol, Asperulosid, Schleimstoffe, Gerbstoffe, Kieselsäure, Saponine, Flavonoide, ätherisches Öl, Vitamin C, Magnesium, Calcium, Mangan, Kupfer, Zink und Phosphor. Wertvolle Aminosäuren wie zum Beispiel Alanin, Arginin, Isoleucin, Leucin, Lysin, Methionin, Prolin, Valin sind ebenfalls enthalten. Iridoide gelten als natürliches Antibiotikum.
Zur Herstellung einer Tinktur kommen die Blätter zur Anwendung. Diese werden ausreichend gepflückt und sollen anschließend an einem schattigen Ort anwelken. Geben Sie die Blätter in ein Glas, welches gut verschlossen werden kann, und füllen das Ganze mit Doppelkorn auf, sodass alles gut mit dem Alkohol bedeckt ist.
Es sollte nun an einem warmen dunkleren Ort ruhen und täglich kräftig durchgeschüttelt werden, damit sich die Wirkstoffe besser lösen können. Ich lasse das Ganze ca. 4 - 6 Wochen ziehen. Nach Ablauf der Wartezeit wird es durch ein feinmaschiges Tuch oder einen Kaffeefilter gesiebt.
Die fertige Tinktur wird anschließend in braune, dicht verschließbare Braunglasflaschen oder Apothekerflaschen abgefüllt. Mit der Zeit kann sich ein Bodensatz bilden, welcher völlig normal ist. Wer das nicht möchte, kann den klaren Teil der Tinktur vorsichtig in eine weitere Flasche umfüllen. Ich schüttele vor Gebrauch einfach die Flasche.
Lagern Sie die fertige Tinktur bitte dunkel und kühl, so kann sie für gut zwei Jahre aufbewahrt werden. Beschriften nicht vergessen!

Dosierung:
Kleine Hunde 3 x täglich 4 Tropfen
Mittelgroße bis große Hunde 3 x täglich 6 Tropfen

Stiefmütterchen-Tinktur

Die Pflanze wirkt antibakteriell, entzündungshemmend, schleimlösend, schweißtreibend, blutreinigend, harntreibend, stoffwechselanregend, krampflösend und schmerzstillend. Sie hilft bei Husten, Asthma, Blasenentzündungen, Blasengrieß, Nierenschwäche, Rheuma, Fieber, Herpes, Herzbeschwerden, Gelenksentzündungen, Nervenentzündungen, Nervosität, verschiedenen Hauterkrankungen und hilft bei der Wundheilung.
Das wilde Stiefmütterchen beinhaltet vor allem Salicylsäure, Schleimstoffe, Gerbstoffe, ätherische Öle, Alkaloide, Saponine, Flavonoide wie Rutin und Violanthin, Cyclotide, Cumarine, Methylsalicylsäure und Derivate davon, sowie Vitamin C und E.
Geben Sie das Kraut mit Blüten in ein Glas, welches gut verschlossen werden kann, und füllen das Ganze mit Doppelkorn auf. Das Kraut darf dabei gerne im Alkohol schwimmen. Es sollte nun an einem halbschattigen Ort ruhen und ab und zu kräftig durchgeschüttelt werden, damit sich die Wirkstoffe besser lösen können. Ich lasse das Ganze dann 4 Wochen ziehen, je länger es zieht, desto konzentrierter wird die Tinktur. Nach Ablauf der Wartezeit wird es durch ein feinmaschiges Tuch oder einen Kaffeefilter gesiebt.
Die fertige Tinktur wird in braune, dicht verschließbare Braunglasflaschen oder Apothekerflaschen abgefüllt. Mit der Zeit kann sich ein Bodensatz bilden, welcher völlig normal ist. Wer das nicht möchte, kann den klaren Teil der Tinktur vorsichtig in eine weitere Flasche umfüllen. Ich schüttele vor Gebrauch einfach die Flasche.
Lagern Sie die fertige Tinktur bitte dunkel und kühl, so kann sie für gut zwei Jahre aufbewahrt werden. Beschriften nicht vergessen!

Die Tinktur eignet sich ebenfalls für die Salben-Herstellung.

Dosierung:
Kleine Hunde 3 x täglich 4 Tropfen
Mittelgroße bis große Hunde 3 x täglich 6 Tropfen

Teufelskralle-Tinktur

Teufelskralle wirkt appetitanregend, entzündungshemmend, abschwellend und blutverdünnend, ist hilfreich bei Arthritis und Rheuma, unterstützt die Arthrose-Therapie, hilft bei Blähungen, Leberleiden, Gallebeschwerden und Nierenschwäche, lindert Magen-, Darm- und Gelenksbeschwerden, ist gut für die Haut, senkt den Harnsäurespiegel und lindert Schmerzen und Fieber.
Teufelskralle enthält Iridoidglykoside, Harpagid, Harpagosid, Procumbid, Phytosterine, Beta-Sitosterol, Glutamin-Säure, Histidin, Kaempferol, Selenium, Sterol, Flavonoide, ungesättigte Fettsäuren, Chlorogen- sowie Zimtsäure und Ursol-Säure.
Um eine Tinktur aus der Teufelskralle herzustellen, benötigen Sie die Wurzeln, welche Sie im Handel erwerben können. Geben Sie die Wurzeln in ein Glas, welches gut verschlossen werden kann, und füllen das Ganze mit Doppelkorn auf, sodass alles gut mit dem Alkohol bedeckt ist.
Es sollte nun an einem warmen hellen (keine Sonne) Ort ruhen und täglich kräftig durchgeschüttelt werden, damit sich die Wirkstoffe besser lösen können. Ich lasse das Ganze ca. 4 - 6 Wochen ziehen. Nach Ablauf der Wartezeit wird das Ganze durch ein feinmaschiges Tuch oder einen Kaffeefilter gesiebt. Die fertige Tinktur wird anschließend in braune, dicht verschließbare Braunglasflaschen oder Apothekerflaschen abgefüllt.
Mit der Zeit kann sich ein Bodensatz bilden, welcher völlig normal ist.
Wer das nicht möchte, kann den klaren Teil der Tinktur vorsichtig in eine weitere Flasche umfüllen. Ich schüttele vor Gebrauch einfach die Flasche.

Lagern Sie die fertige Tinktur bitte dunkel und kühl, so kann sie für gut zwei Jahre aufbewahrt werden. Beschriften nicht vergessen!

Dosierung:
Kleine Hunde 3 x täglich 4 Tropfen
Mittelgroße bis große Hunde 3 x täglich 6 Tropfen
Die Tropfen können über mehrere Monate hinweg verabreicht werden.

Thymian-Tinktur

Thymian wirkt antibakteriell, pilztötend, entzündungshemmend, blutstillend, krampflösend, appetitanregend, vitalisierend, entwässernd, schmerzlindernd, ist hilfreich bei Husten jeglicher Form, gut bei Rheuma, Leberschwäche, Hauterkrankungen und zur Förderung der Wundheilung, es wirkt positiv auf das Zentralnervensystem, wirkt desinfizierend und wurmaustreibend, ist hilfreich bei Verdauungsschwäche und Durchfall, besitzt eine beruhigende Wirkung und lindert Magen-Darm-Beschwerden.
Thymian enthält ätherische Öle, unter anderem Thymol, Kampfer, Carvacrol, Zineol, Geraniol, Limonen, Linalool, Menthon, Terpine, Bitterstoff, Gerbstoff, Flavonoide, Cumarine, Harz, Saponin, Salicylate, Pentosane, Stigmasterol, Beta-Sitosterol, Beta-Carotin, Vitamin A, B1, B2, Niacin, Calcium, Kalium, Magnesium, Eisen, Kupfer, Mangan und etwas Zink. Der Gehalt an ätherischem Öl variiert sehr stark und ist von Klima, Erntezeit und Lagerung abhängig.
Eine Thymian-Tinktur lässt sich sowohl von getrockneten, als auch frischen Zweigen bzw. Blättern herstellen. Wenn Sie frischen Thymian verwenden, schneiden Sie kleine Zweige ab und streifen anschließend die Blättchen ab. Am besten verwenden Sie hierfür den bereits blühenden Thymian und verwenden die Blüten gleich mit. Die Blättchen und die Blüten sollten etwas anwelken, bevor Sie diese in ein Glas geben, wel-

ches gut verschlossen werden kann. Füllen Sie das Ganze nun mit Doppelkorn auf.
Bei getrocknetem Thymian geben Sie das Kraut in ein Glas, welches gut verschlossen werden kann, und füllen das Ganze mit Doppelkorn auf. Die Blätter dürfen dabei gerne im Alkohol schwimmen.
Es sollte nun an einem dunklen Ort ruhen und ab und zu kräftig durchgeschüttelt werden, damit sich die Wirkstoffe besser lösen können. Ich lasse das Ganze für 4 – 6 Wochen ziehen, je länger es zieht, desto konzentrierter wird die Tinktur. Nach Ablauf der Wartezeit wird es durch ein feinmaschiges Tuch oder einen Kaffeefilter gesiebt.
Die fertige Tinktur wird anschließend in braune, dicht verschließbare Braunglasflaschen oder Apothekerflaschen abgefüllt. Mit der Zeit kann sich ein Bodensatz bilden, welcher völlig normal ist. Wer das nicht möchte, kann den klaren Teil der Tinktur vorsichtig in eine weitere Flasche umfüllen. Ich schüttele vor Gebrauch einfach die Flasche.
Lagern Sie die fertige Tinktur bitte dunkel und kühl, so kann sie für gut zwei Jahre aufbewahrt werden. Beschriftung der Flasche nicht vergessen!

Dosierung:
Kleine Hunde 3 x täglich 4 Tropfen
Mittelgroße bis große Hunde 3 x täglich 6 Tropfen

Wacholderbeeren-Tinktur

Die Wacholderbeere wirkt harntreibend, appetitanregend, entgiftend, schleimlösend, wirkt antibakteriell, schützt die Schleimhäute, aktiviert den Zellstoffwechsel, stärkt Kreislauf und Immunsystem, ist gut bei Rheuma und Arthritis, regt den Stoffwechsel an, hilfreich bei Magen-Darm-Beschwerden und extremem Maulgeruch, fördert die Blutbildung und reinigt das Blut, tötet Darmpilze, bindet Fett im Darm, hilft bei der

Heilung von Nieren-, Blasen- und Harnwegsentzündungen und Infektionskrankheiten.
In Wacholderbeeren sind Vitamin C, ätherische Öle und deren Bestandteile (Menthol, α-Pinen, Sabinen, Myrcen, Kampfer), Betulin, Bitterstoffe (Juniperin), Flavonglykoside, Flavonoide, Gallussäure, Gerbstoffe (Gerbsäure), Harz und Linolensäure enthalten. Mineralstoffe wie Phosphor, Mangan und Zink sind ebenfalls enthalten, Oxalsäure, Schleimstoffe (Pentosan), Terpineol, Umbelliferon, Zitronensäure und mehrfach ungesättigte Fettsäuren sind weitere Inhaltsstoffe.
Zuerst zerquetschen Sie die Wacholderbeeren, z. B. mit einem Mörser, und geben Sie diese in ein Glas, welches gut verschlossen werden. Dann füllen Sie das Ganze mit Doppelkorn auf. Die Beeren dürfen dabei gerne im Alkohol schwimmen.

Es sollte nun an einem dunklen Ort ruhen und ab und zu kräftig durchschüttelt werden, damit sich die Wirkstoffe besser lösen können. Ich lasse das Ganze 3 - 6 Wochen ziehen, je länger es zieht, desto konzentrierter wird die Tinktur. Nach Ablauf der Wartezeit wird es durch ein feinmaschiges Tuch oder einen Kaffeefilter gesiebt.
Die fertige Tinktur wird anschließend in braune, dicht verschließbare Braunglasflaschen oder Apothekerflaschen abgefüllt. Mit der Zeit kann sich ein Bodensatz bilden, welcher völlig normal ist. Wer das nicht möchte, kann den klaren Teil der Tinktur vorsichtig in eine weitere Flasche umfüllen. Ich schüttele vor Gebrauch einfach die Flasche.
Lagern Sie die fertige Tinktur bitte dunkel und kühl, so kann sie für gut ein Jahr aufbewahrt werden. Beschriften nicht vergessen!

Dosierung:
Kleine Hunde 3 x täglich 4 Tropfen
Mittelgroße bis große Hunde 3 x täglich 6 Tropfen
Verdünnt lässt sich die Wacholderbeeren-Tinktur auch für Umschläge anwenden. Dies ist vor allem bei schlecht heilenden Wunden angezeigt.
Zur Weiterverarbeitung in Salben ist sie ebenso dienlich.

Weißdorn-Tinktur

Weißdorn wirkt vor allem vitalisierend, beruhigend, herzkräftigend, ist hilfreich bei Altersherz, wirkt kreislaufregulierend, reguliert den Blutdruck, schützt das Herz und fördert die Durchblutung des Herzmuskels.
Weißdorn enthält ätherisches Öl, Trimethylamin, Glykosid Oxyacanthin, Flavonoide (Flavon- und Flavonoidglycoside), Procyanidine, Purine, Choline, Gerbstoff, Saponin, Fructose, Crataegussäure, Aluminium, Kalium, Natrium, Calcium und phosphorsaure Salze.
Eine Weißdorn-Tinktur können Sie von Blüten, Blättern und Früchten herstellen.

Geben Sie die Pflanzenteile in ein Glas, welches gut verschlossen werden kann, und füllen das Ganze mit Doppelkorn auf. Die Pflanzenteile dürfen dabei gerne im Alkohol schwimmen. Auch hier rate ich an, die Pflanzenteile anwelken zu lassen und klein zu schneiden, bevor sie ins Glas kommen.
Es sollte nun an einem halbschattigen Ort ruhen und ab und zu kräftig durchgeschüttelt werden, damit sich die Wirkstoffe besser lösen können. Ich lasse das Ganze dann 4-6 Wochen ziehen, je länger es zieht, desto konzentrierter wird die Tinktur. Nach Ablauf der Wartezeit wird das Ganze durch ein feinmaschiges Tuch oder einen Kaffeefilter gesiebt.
Die fertige Tinktur wird anschließend in braune, dicht verschließbare Braunglasflaschen oder Apothekerflaschen abgefüllt. Mit der Zeit kann sich ein Bodensatz bilden, welcher völlig normal ist. Wer das nicht möchte, kann den klaren Teil der Tinktur vorsichtig in eine weitere Flasche umfüllen. Ich schüttele vor Gebrauch einfach die Flasche.
Lagern Sie die fertige Tinktur bitte dunkel und kühl, so kann sie für gut zwei Jahre aufbewahrt werden. Beschriften nicht vergessen!

Dosierung:
Kleine Hunde 3 x täglich 4 Tropfen
Mittelgroße bis große Hunde 3 x täglich 6 Tropfen

Misch-Tinktur (Tinctura composita)

Ich möchte Ihnen gerne auch noch zwei Beispiele für die Herstellung einer Mischtinktur schildern. Jedoch möchte ich davon abraten, selbst Pflanzen zusammen zu stellen, über deren Wirkung und Verträglichkeit man wenig weiß. Halten Sie sich hier bitte, zum Wohl Ihres Tieres, an den Fachmann.

Immun-Tropfen

Zur Steigerung der Immunabwehr benötigen Sie drei Pflanzen: Echinacea (Sonnenhut), Kapuzinerkresse und Cistrose.
Geben Sie die drei Pflanzen zu gleichen Teilen in ein Glas, welches gut verschlossen werden kann, und füllen das Ganze mit Doppelkorn auf, sodass alles gut mit dem Alkohol bedeckt ist. Es sollte nun an einem warmen, halbschattigen Ort ruhen und täglich kräftig durchgeschüttelt werden, damit sich die Wirkstoffe besser lösen können. Ich lasse das Ganze ca. 4 - 6 Wochen (mindestens einen Mondzyklus) ziehen. Nach Ablauf der Wartezeit wird es durch ein feinmaschiges Tuch oder einen Kaffeefilter gesiebt.
Die fertige Tinktur wird anschließend in braune, dicht verschließbare Braunglasflaschen oder Apothekerflaschen abgefüllt. Mit der Zeit kann sich ein Bodensatz bilden, welcher völlig normal ist. Wer das nicht möchte, kann den klaren Teil der Tinktur vorsichtig in eine weitere Flasche umfüllen. Ich schüttele vor Gebrauch einfach die Flasche.
Lagern Sie die fertige Tinktur bitte dunkel und kühl, so kann sie für gut zwei Jahre aufbewahrt werden. Beschriften nicht vergessen!

Wenn Sie bereits eine Monotinktur der Pflanzen hergestellt haben, können Sie diese auch in einer sauberen Flasche zu gleichen Teilen mischen.
Hier ein Beispiel:
Verwenden Sie eine leere 30 ml-Flasche, welche steril ist. Geben Sie 10 ml Echinacea-Tinktur, 10 ml Kapuzinerkresse-Tinktur und 10 ml Cistrosen-Tinktur hinein und schütteln die Flasche einmal kräftig.

Durchfall-Tropfen

Geben Sie je 1 EL voll Breitwegerich, einjährigen Beifuß, Eichenrinde, Brennnessel und je 3 EL getrocknete Heidelbeeren und Kamille in ein

Glas, welches gut verschlossen werden kann, und füllen das Ganze mit Doppelkorn auf, sodass alles gut mit dem Alkohol bedeckt ist.
Es sollte nun an einem warmen, halbschattigen Ort ruhen und täglich kräftig durchgeschüttelt werden, damit sich die Wirkstoffe besser lösen können. Ich lasse das Ganze ca. 4 - 6 Wochen (mindestens einen Mondzyklus) ziehen. Nach Ablauf der Wartezeit wird es durch ein feinmaschiges Tuch oder einen Kaffeefilter gesiebt.
Die fertige Tinktur wird anschließend in braune, dicht verschließbare Braunglasflaschen oder Apothekerflaschen abgefüllt. Mit der Zeit kann sich ein Bodensatz bilden, welcher völlig normal ist. Wer das nicht möchte, kann den klaren Teil der Tinktur vorsichtig in eine weitere Flasche umfüllen. Ich schüttele vor Gebrauch einfach die Flasche.
Lagern Sie die fertige Tinktur bitte dunkel und kühl, so kann sie für gut zwei Jahre aufbewahrt werden. Beschriften nicht vergessen!

Dosierung:
Kleine Hunde 3 x täglich 4 Tropfen
Mittelgroße bis große Hunde 3 x täglich 6 Tropfen
Geben Sie die Tropfen in ein Glas mit heißem Wasser (damit sich der Alkoholgehalt verflüchtigt), lassen Sie es abkühlen und geben es dann mit einem Leckerli ein.

Gemmotherapie

Das Wort „Gemmo" kommt aus dem lateinischen (gemma) und bedeutet „Knospe" oder „Auge". Die Therapie ist eine Form der Kräuterheilkunde, dennoch eine eigenständige Therapieform und relativ unbekannt. Hierbei werden Extrakte verwendet, welche aus Knospen, Alkohol und Glyzerin hergestellt werden. Diese Heilmittel werden auch Knospen-Glyzerin-Malzerate genannt. Es werden frische Knospen, also pflanzliches Embryonalgewebe verwendet. Hierbei sind die Lebens- und Wachstumskräfte einer Pflanze am höchsten. In einigen Fällen werden auch junge Triebsprossen oder Wurzelspitzen verwendet.
Die Inhaltsstoffe der Knospen sind vor allem wachstumsfördernde und -hemmende Phytohormone, Oligosaccharide, Mineralstoffe, Spurenelemente, Enzyme, ätherische Öle, Aminosäuren, Bitterstoffe, Cumarine, Flavonoide, Gerbstoffe, Harze, Saponine, Chlorophyll und Vitamine. Die Inhaltsstoffe variieren je nach Art der Pflanze.
Die Sammelzeit ist im Frühling, sobald die Knospen kurz davor sind, aufzubrechen. Sollten Ihre Bäume im Frühjahr geschnitten worden sein, bietet sich an, die Knospen der abgeschnittenen Zweige zu verwenden. Sammeln Sie nur die Knospen, von denen Sie ganz sicher sind, um welche Pflanze es sich handelt. Werden die Knospen von Bäumen oder Sträuchern entnommen, welche nicht geschnitten werden, sollten Sie mit zwei Fingern vorsichtig die Knospen abknipsen und benachbarte Knospen stehen lassen. So geben Sie dem Baum, oder dem Strauch die Möglichkeit, sich weiterzuentwickeln. Beim Sammeln achten Sie bitte auf den Standort der Pflanze. Bäume oder Sträucher an stark befahrenen Straßen sollten hierbei außer Acht gelassen werden.
Stellen Sie nur kleine Mengen her und entnehmen Sie nur so viele Knospen, wie Sie auch benötigen. 1 g reicht für den Eigengebrauch oft schon aus. Das hört sich jetzt vielleicht wenig an, aber bei Birkenknospen z. B. sind das schon ein paar.

Gemmopräparate werden in der Regel als Einzelpräparate hergestellt und können zur späteren Verwendung auch gemischt werden.

Herstellung:
Die Herstellung nimmt etwas Zeit in Anspruch, ist jedoch in der Handhabung einfach.
Das Verhältnis der Knospen und der Lösungsmittel sollte 1:20 betragen.

Was Sie benötigen:

- 1 g Knospen
- Feinwaage
- Ein 20 – 30 ml Braunglasfläschchen
- 100 ml Alkohol (70 %-ig)
- 100 ml Glyzerin (85 %-ig)
- Trichter
- Messzylinder und/oder 10 ml Einwegspritze
- Sprüh- und/oder Tropffläschchen
- Messer
- Haarsieb oder Gaze

Zuerst werden die gesammelten Knospen (1 g) mit einem Messer klein geschnitten. Geben Sie die zerkleinerten Knospen mit Hilfe des Trichters in ein kleines Braunglasfläschchen (20 ml). Messen Sie in einem Messzylinder oder einer Einwegspritze 10 ml Alkohol und 10 ml Glyzerin ab und geben Sie das Gemisch, mit Hilfe des Trichters, in das Fläschchen zu den Knospen. Danach wird das Fläschchen verschlossen und an einen

warmen Ort (ohne Sonne) für 4 Wochen (einen Mondzyklus lang) stehen gelassen. In der überwiegenden Literatur werden 2 – 3 Wochen Ausziehzeit empfohlen. Ich lasse diese meist 4 Wochen (einen Mondzyklus) lang ziehen. Täglich sollte das Gemisch aufgeschüttelt werden.
Nach der Ausziehzeit wird das Ganze durch ein Haarsieb oder Gaze abfiltriert. Jetzt ist es aber noch nicht fertig, denn nun kommt der nächste Schritt der Verdünnung. Mischen Sie die restlichen 90 ml Alkohol und die 90 ml Glyzerin in einem Messbecher und füllen das Mazerat hinzu. Das Ganze wird nun gut gemischt und kann mit Hilfe des Trichters in kleine Sprüh- oder Tropffläschchen abgefüllt werden. Beschriften Sie die Fläschchen mit Namen der verwendeten Knospen und dem Herstellungsdatum. In der Regel sind diese für zwei Jahre haltbar, somit wirksam.

Dosierung:
2 – 3 x täglich 1 Sprühstoß ins Maul oder
2 x täglich 1 Tropfen je 10 kg Körpergewicht.

Im Akutfall kann das Spray auch im Abstand von 15 Minuten innerhalb von zwei Stunden angewandt werden. Hunde, welche sich die Tropfen nur schwer verabreichen lassen, sie also entweder ängstlich reagieren oder sich nicht am Maul anfassen lassen wollen, denen kann man die Hand zum Ablecken reichen. Sie müssten dazu die Tropfen in die Hand sprühen und sich diese vom Hund ablecken lassen. Mit einer Einwegspritze lassen sich die Tropfen, mit wenig Wasser verdünnt, ebenfalls verabreichen.
Äußerlich können Sie die Präparate ebenfalls auftragen, z. B. in der Wundbehandlung oder bei Hauterkrankungen. Bei lokalen Schmerzen kann die Stelle, z. B. ein schmerzhaftes Gelenk, ebenfalls direkt eingesprüht werden.
Wie lange und wie oft ein Präparat zur Anwendung kommen kann, hängt von der Art der Erkrankung ab. In akuten Fällen, wie z. B. bei akuten Schmerzen oder einer akuten Entzündung, sprüht man öfter als bei einer

chronischen Erkrankung. Die Präparate werden nur dann angewandt, wenn auch Beschwerden vorhanden sind. Bei einer chronischen Erkrankung wie z. B. einer Herzerkrankung oder Rheuma reicht 2 – 3 x täglich ein Sprühstoß aus, jedoch über mehrere Wochen oder sogar Monate hinweg. Hier rate ich dazu an, zwischendurch mal eine Pause von wenigen Tagen einzulegen, um zu sehen, wie sich der Zustand ohne die Präparate entwickelt.

Bleibt ein Erfolg aus, kann es sein, dass die falschen Knospen verwendet worden sind oder das Mittel nicht häufig genug angewandt wurde. In der Regel bemerkt man, vor allem bei akuten Beschwerden, eine relativ schnelle Wirkung.

Erstverschlimmerungen, vor allem während eines Entgiftungsprozesses, sind möglich.

Die Gemmotherapie kann mit anderen Therapieformen kombiniert werden, auch mit der Homöopathie, mit Schüßler Salzen, Phytotherapie, der TCM und anderen Naturheilverfahren. Mit schulmedizinischen Präparaten lässt sich die Gemmotherapie ebenfalls kombinieren.

Die Gemmotherapie lässt sich bei vielen Erkrankungen anwenden.

Hier ein paar Knospenarten, welche bei Hunden zur Anwendung kommen können:
In Deutschland wird das bekannteste Mazerat aus den Knospen der **schwarzen Johannisbeere** (Ribes nigrum) gewonnen. Es wirkt vor allem bei Erschöpfungs- und Stresszuständen, nervösem Magen, bei den ersten Anzeichen von Erkältungskrankheiten, Allergien, rheumatischen Schmerzen, Nesselfieber, Husten, Reizdarm, akuter Blasenentzündung, Maulfäule, Soor, chronischem und allergischem Asthma, entzündlichen Ekzemen und Insektenstichen (lindert Juckreiz).

Die **Himbeere** (Rubus idaeus) reguliert die weiblichen Hormone, ist hilfreich während der Läufigkeit oder wenn die Hündinnen scheinträchtig sind, ebenso wenn die Hündinnen nach dem Deckakt leer bleiben, dann sollte man vor und während des nächsten Versuchs dieses Mazerat verwenden. Es wirkt krampflösend und schmerzstillend. Ebenso kann es bei einer beginnenden Gebärmutter-Entzündung angewendet werden.

Ein Mazerat aus den Brombeerknospen (**Brombeerstrauch**, Rubus fruticosus) wirkt vor allem geweberegenerierend, es findet seine Anwendung bei Knochenbrüchen, Arthrose, es kräftigt die Lunge und unterstützt die Behandlung von Atemwegserkrankungen und Nierenentzündungen.

Sanddorn (Hippophae rhamnoides) wirkt immunstärkend, nervenstärkend, entzündungshemmend und tonisierend. Das Mazerat kann bei psychischen und physischen Schockzuständen zum Einsatz kommen. Es erhöht die Stresstoleranz und gilt als Jungbrunnen. Es kräftigt das Immunsystem, ist hilfreich in der Rekonvaleszenz, bei grippalen Infekten, Erkrankungen der Atemwege, akuten und chronischen Darmentzündungen und wirkt sich positiv auf den Haut- und Knochenstoffwechsel aus.

Die **echte Weinrebe** (Vitis vinifera) ist hilfreich bei rezidiven und chronischen Entzündungen wie z. B. Blasenentzündungen, Entzündungen der

oberen Atemwege, Rheuma, Anämie, Arthrose, Myome und Eierstockzysten. Da es entzündungshemmend wirkt, kann es auch bei Entzündungen der Haut (äußerlich), Entzündungen des Darms und der Gelenke zur Anwendung kommen.
Dieses Mazerat wird gerne mit anderen Knospen-Mazeraten kombiniert.

Die **Heckenrose** (Rosa canina) wird bei viralen Erkrankungen, bei einem schwachen Immunsystem, bei Schnupfen, Hals- und Ohrenschmerzen, Hautproblemen, Rheuma (ohne Wetterfühligkeit), Allergien, zur Unterstützung bei Osteoporose und Arthrose angewendet und sie lindert Wachstumsschmerzen.

Die Knospen des **Wacholders** (Juniperus communis) helfen bei Blasenentzündungen, Nierensteinen, lindern Blähungen, kräftigen die Leber und die Nieren, wirken entgiftend, verdauungsfördernd und harntreibend. Sie helfen beim Abnehmen und bei chronischen Nieren- und Blasenentzündungen.
Wacholder und Johannisbeere lassen sich sehr gut kombinieren.

Haselnuß, gemeine (Corylus avellana) wirkt sich positiv auf die Atemwege aus, hilft bei Asthma, chronischer Bronchitis, Lungenemphysem, bei einer hypochromen Anämie und Nervenschmerzen. Das Mazerat wirkt durchblutungsfördernd und ist hilfreich bei sklerotischen Prozessen.

Vom **Olivenbaum** (Olea europapaea) werden für die Herstellung die jungen Triebspitzen evtl. mit einem kleinen Anteil an Blütenknospen verwendet. Sie helfen bei Störungen des zentralen Nervensystems, metabolischem Syndrom, bei Fettstoffwechselstörungen, Altersbeschwerden, Altersdiabetes, Durchblutungsstörungen, hohem Blutdruck und Arteriosklerose.

Auch vom **Mammutbaum** (Sequoiadendron giganteum) werden die jungen Triebspitzen verwendet. Sie wirken auf die Sexualhormone, vor allem der männlichen Tiere. Soll die Spermienqualität des Rüden verbessert werden, sollte unbedingt dieses Gemmonpräparat zur Anwendung kommen. Bei Schwäche- und Alterungsbeschwerden, Burnout, Förderung des Heilungsprozesses bei Knochenbrüchen ist es ebenfalls hilfreich. Es stärkt die Knochen, Sehnen, Bänder, Muskeln und das Bindegewebe.

Möchte man von der **Weißtanne** (abies alba) ein Gemmonpräparat herstellen, werden nicht nur die Knospen, sondern auch die ganz jungen Triebe verwendet. Sie werden hautsächlich für den Knochenstoffwechsel eingesetzt. Bei Rachitis, Knochenbrüchen, Osteoporose, Zahnkaries, Wachstumsstörungen und sie regulieren den Kalzium- Phosphor-Stoffwechsel. Außerdem sind sie hilfreich bei Nasen- und Rachenschleimhautentzündungen und Husten.

Ein Mazerat aus der **Silberweide** (Salix alba) wirkt entzündungshemmend, schmerzlindernd, beruhigend und fiebersenkend, ebenso hilft es bei Rheuma, Neuralgien und lindert Nervosität und Unruhe.

Der **Walnußbaum** (Juglans regia) wirkt immunstimulierend, entgiftend, antimykotisch und ist hilfreich bei Infektionserkrankungen. Die Knospen finden ihren Einsatz bei Magen- und Darm-Beschwerden, bei Durchfall nach einer Antibiotika-Behandlung, Futtermittelunverträglichkeiten, sie unterstützen die Bauchspeicheldrüse, bei Diabetes, lindern Erkrankungen der Haut, auch bei eitrigen Prozessen, Geschwüren, sie verbessern die Lymphqualität, bei chronischen Schleimhautentzündungen, Darmmykosen und äußerlich auch bei Hautpilzerkrankungen. Das Mazerat sollte grundsätzlich immer als Einzelmittel angewandt, also nicht mit einem anderen Mazerat kombiniert werden.

Ein Mazerat aus den Knospen der **Moorbirke** (Betula pubescens) wirkt intensiver bei älteren Hunden, als die Knospen der Weißbirke (auch Hängebirke genannt). Es wirkt kräftigend, bei Beschwerden im Alter, kräftigt das Immunsystem und stimuliert das endokrine System. Zudem ist es hilfreich bei Arthrose, Nasen- und Rachenschleimhautentzündungen, Verstopfung und bei Impotenz.

Die **Silberlinde** (Tilia tomentosa) wirkt beruhigend, angst- und krampflösend, nervenkräftigend und beugt Stress vor. Weiterhin kommt sie bei Depressionen, nervösen Beschwerden und zur Entspannung zur Anwendung. Bei Besitzerwechsel oder während einer Scheinträchtigkeit kann sie ebenfalls verwendet werden. Das Mazerat beruhigt krampfartige Beschwerden des Magen- und Darm-Traktes und einen beschleunigten Herzschlag. Weiterhin kann es bei Epilepsie, Magengeschwüren und chronischen Magen- und Darm-Entzündungen helfen.

Rosmarin (Rosmarinus officinalis) kräftigt die Leber, besitzt eine gallenblasenanregende und oxidative Wirkung. Das Mazerat kann bei Leberfunktionsstörungen, Fettleber, niedrigem Blutdruck, Adipositas, Ekzemen, leichter Prostatavergrößerung, chronischer Darmentzündung und bei Impotenz eingesetzt werden. Es wirkt sich positiv auf das Nervensystem, Hormonsystem und die Psyche aus. Um ein Mazerat herzustellen, benötigen Sie die jungen Triebspitzen.
Dieses Mazerat sollte nicht bei Bluthochdruck angewandt werden.

Feige (Ficus carica) wirkt antidepressiv, angstlösend, stressmildernd, kräftigend, hautberuhigend (besonders bei Allergien), appetitanregend, es schützt die Schleimhäute der Verdauungsorgane, hilft bei Magen-Darmbeschwerden (vor allem bei psychischen Magen- Darmbeschwerden), reguliert die Magensäure, und hilft äußerlich bei Warzen und bei der Wundheilung.

Rosmarin, Wacholder und Silberweide sollten während der Trächtigkeit und Säugezeit sicherheitshalber nicht verabreicht werden!

Kräuter-Salben und -Cremes

Achten Sie bei der Herstellung einer Salbe oder einer Creme auf Sauberkeit, um ein schnelles Schimmeln der Salbe zu vermeiden. Die Zutaten können Sie in einem gut sortierten Bioladen oder in der Apotheke bekommen. Die Heilkräuter, welche zur Anwendung kommen sollen, sammeln Sie am besten selbst oder erwerben Sie ebenfalls käuflich bei einem Händler Ihres Vertrauens.

Um eine Kräuter-Creme/Salbe herzustellen, benötigen Sie 80 g Bienenwachs, 240 g Mandelöl und 100 bis 125 ml Kräuter-Essenz oder 100 ml Kräuteröl. Wenn Sie eine kleinere Menge benötigen, halbieren Sie einfach die Mengenangaben.

Eine gute Basis-Creme/Salbe kann sich auch aus 100 ml Öl und 10 g Bienenwachs zusammensetzen und je nachdem, wie intensiv die Creme

bzw. Salbe werden soll, die dementsprechende Menge an Kräuteressenz oder Kräuteröl zugefügt werden.
Geben Sie das Bienenwachs und das Mandelöl in ein feuerfestes Glas (z. B. ein ausgekochtes Marmeladenglas) und erhitzen dies in einem Wasserbad, bis es schmilzt und sich vermischt. Rühren Sie dann die Kräuter-Essenz ein und belassen alles für circa 30 Minuten im heißen Wasserbad, bis der Alkohol der Essenz verdampft ist. Regelmäßiges Umrühren ist hierbei wichtig. Anschließend nehmen Sie das Glas aus dem Wasser und geben es in ein Gefäß mit kaltem Wasser. Auch hier sollten Sie wieder regelmäßig umrühren, bis die Masse fest zu werden beginnt. Füllen Sie nun die Salbe in kleine Salben-Dosen um, beschriften Sie diese und stellen Sie sie für die Lagerung in den Kühlschrank.
Der Unterschied zwischen einer Salbe und einer Creme liegt in deren Bestandteilen. Cremes enthalten Wasserbestandteile und Salben nicht. Wird also eine Tinktur oder ein Tee einer Salbe beigemischt, handelt es sich um eine Creme. Die Auswahl, ob eine Creme oder Salbe angewendet werden sollte, liegt am Krankheitsbild. Bei akut entzündlichen Wunden z. B. wendet man meist eine Creme an, da diese durch ihren Wasseranteil kühlend wirkt (siehe Rezepte Wundcreme).
Eine weitere Methode, eine Kräuter-Salbe selbst herzustellen, ist die mit Schweine- oder Gänseschmalz. Auch hier wird die gewünschte Menge Schweineschmalz (circa 250 g) im Wasserbad erhitzt, bis sie flüssig geworden ist. Geben Sie dann das gewünschte Kraut bzw. die Kräuter (zwei gute Handvoll) dazu. Lassen Sie das Ganze kurz aufkochen und anschließend 10 Minuten ziehen. Nach dem Abkühlen können Sie die festen Bestandteile der Kräuter herausfiltern und die Salbe in kleine beschriftete Döschen umfüllen. Lagern sollten Sie auch diese Kräuter-Salbe im Kühlschrank, sie hält sich bis zu einem Jahr.
Als vegane Alternative kann Kokosöl ebenfalls zur Herstellung von Kräuter-Salben bzw. Kräuter-Cremes zur Anwendung kommen, vor allem, wenn zusätzlich Feuchtigkeit gespendet werden soll. Weitere Alternativen für Butter und Schmalz sind Fette wie Sheabutter oder Öle mit

Wachs. Alternativen zu Milch (tierisch) sind z. B. Kokos-, Hafer- oder Mandelmilch.
Um eine Salbe haltbarer zu machen, geben Sie 2 ml Vitamin E auf 100 ml Öl, das bewahrt die Salbe davor, ranzig zu werden.
Salben lassen sich auch einfrieren, um sie länger haltbar zu machen.
Gehen Sie niemals mit den Fingern in den Salbentiegel, denn auf den Fingern befinden sich Keime, welche die Salbe schneller verderben lassen. Nehmen Sie daher einen Holzspatel, um die gewünschte Menge zu entnehmen.
Eine weitere Möglichkeit, Ihre selbst hergestellte Salbe länger haltbar zu machen, ist die Beigabe von Grapefruitsamenextrakt. Dieser Zusatzstoff wirkt antibakteriell, da er den ph-Wert absenkt.
Kaliumsorbat lässt sich ebenfalls in Salben und Cremes verwenden, um diese haltbarer zu machen. Dieser Wirkstoff verhindert die Bildung von Schimmel- und Hefepilzen. Zusammen mit dem Grapefruitsamenextrakt schützt er Ihre Salbe oder Ihre Creme außerdem vor Bakterien auf natürliche Weise. In der Regel verlängert die Beigabe von 0,1 g auf 50 g Salbe die Haltbarkeit Ihrer Salbe um gut drei Monate.
Mit der Beigabe von 1 % Biokons plus können Sie die Haltbarkeit Ihrer Salbe um 6 Monate verlängern und mit der Beigabe von Biogard 221 sogar um 12 Monate. Ich persönlich stelle immer nur so viel Salbe her, welche ich auch in wenigen Wochen oder Monaten verwenden kann, und verzichte daher auf Konservierungsstoffe (Ausnahme Vitamin E).
Wenn Ihre Salbe zu flüssig geworden ist, erwärmen Sie die Salbe erneut im Wasserbad und geben etwas geschmolzenes Bienenwachs hinzu und rühren es vorsichtig um.
Ist Ihre Salbe zu fest geworden? Dann erwärmen Sie die Salbe auf die gleiche Weise und geben noch etwas Öl hinzu. Wichtig dabei ist, immer langsam zu rühren, um möglichst wenig Lufteinschluss zu bekommen, damit die Salbe auch länger hält.

Arnika-Salbe

Die Salbe wird vor allem zur Schmerzlinderung eingesetzt. Sie besitzt eine abschwellende und entzündungshemmende Eigenschaft und sorgt für eine bessere Durchblutung der Haut, ebenfalls kann sie bei Prellungen, Muskelzerrungen, Blutergüssen und Verstauchungen angewandt werden. Auch bei Milbenbefall und Hautpilzerkrankungen kann sie auf die betroffenen Hautstellen aufgetragen werden, da sie diese in ihrem Wachstum hemmt (der wichtige Inhaltsstoff hierfür ist Thymol).

Zutaten:

100 ml Arnikaöl
8 g Bienenwachs
Vitamin E *(optional)*

Herstellung:
Erwärmen Sie Wasser in einem Kochtopf und erhitzen es auf ca. 60-70 Grad. Geben Sie die ersten beiden Zutaten in ein Glas und stellen Sie dies in das Wasserbad, bis alles geschmolzen ist. Rühren Sie die Zutaten langsam um, damit wenig Luft eingerührt wird, für eine längere Haltbarkeit. Wenn alles gut verrührt ist, geben Sie 2 ml Vitamin E hinzu, um die Haltbarkeit noch zu verlängern. Nehmen Sie das Glas aus dem Wasserbad heraus und füllen Sie die Salbe portionsweise in kleine Salbendöschen oder -tiegel ab. Kontrollieren Sie, ob die Salbe die gewünschte Festigkeit besitzt. Dazu entnehmen Sie mit einem kleinen Löffel etwas von der noch warmen Salbe und geben es auf einen kalten Teller. Wenn sie zu dünn geworden ist, geben Sie unter dem oben beschriebenen Vorgang noch etwas Bienenwachs hinzu. Ist die Salbe abgekühlt, verschließen Sie sie gut und bewahren Sie sie kühl und dunkel auf. Je kühler die Salbe gelagert wird, desto fester wird sie. Beschriften nicht vergessen! Die Salbe kann auch eingefroren werden, dann hält sie sich noch etwas länger.

Anwendung:
Die Salbe kann sehr gut als Salbenverband angewandt werden und immer nur so lange wie es benötigt wird, manchmal reichen wenige Tage aus. Die Salbe sollte nicht auf offene Wunden aufgetragen werden und von Ihrem Hund auch nicht abgeleckt werden. Verwenden Sie zum Entnehmen der Salbe immer einen sauberen Holzspatel, somit verlängern Sie die Haltbarkeit.

Beifuß-Salbe (Artemisia annua)

Diese Salbe kann bei verschiedenen Hauterkrankungen angewandt werden, aber auch bei Gelenkproblemen. Sie wirkt antibakteriell und fungizid. Warzen, Hautpilzerkrankungen, Juckreiz, Bisswunden, Verbrennungen sind nur einige Anwendungsmöglichkeiten.
Um die Salbe herstellen zu können, benötigen Sie nur zwei Zutaten, nämlich: Bienenwachs und Beifuß-Öl (siehe Kapitel Öle).

Zutaten:
- 100 ml Beifuß-Öl
- 10 g Bienenwachs

Herstellung:
Erwärmen Sie Wasser in einem Kochtopf und erhitzen Sie es auf ca. 60 - 70 Grad. Geben Sie die beiden Zutaten in ein feuerfestes Glas und stellen Sie dieses in das Wasserbad, bis alles geschmolzen ist. Rühren Sie die Zutaten langsam um, damit wenig Luft eingerührt wird, um die Haltbarkeit so zu verlängern. Wenn alles gut verrührt ist, nehmen Sie das Glas aus dem Wasserbad heraus und füllen Sie die Salbe portionsweise ab. Zum Abfüllen eignen sich am besten kleine Salbendöschen oder -tiegel. Ist die Salbe abgekühlt, verschließen Sie sie gut. Beschriften nicht vergessen und kühl und dunkel aufbewahren. Kontrollieren Sie, ob die Salbe

die gewünschte Festigkeit besitzt. Dazu entnehmen Sie mit einem kleinen Löffel etwas von der noch warmen Salbe und geben es auf einen kalten Teller. Wenn diese zu dünn geworden ist, geben Sie unter dem oben beschriebenen Vorgang noch etwas Bienenwachs hinzu. Je kühler die Salbe gelagert wird, desto fester wird sie.

Anwendung:
Tragen Sie z. B. bei einer Warzenbehandlung die Salbe täglich ein bis zwei Mal auf die betroffene Stelle auf. Dasselbe gilt für Hautpilzerkrankungen, Gelenkbeschwerden oder oben beschriebene Beschwerden.

Tipp:
Sie können die Salbe auch anstelle einer kleinen Dose auch in Lippenstifthülsen abfüllen, dann lässt sie sich einfacher auftragen. Verschließen Sie die Hülse aber erst, nachdem die Salbe kalt geworden ist. Aus hygienischen Gründen sollte diese in wenigen Tagen aufgebraucht sein.

Beinwell-Salbe

Beinwell-Salbe wirkt zellregenerierend, blutbildend, schmerzstillend, entzündungshemmend, sie kühlt und beruhigt irritierte Haut. Sie lindert Juckreiz. Des Weiteren kann sie bei Prellungen, Verstauchungen, Verrenkungen, Arthritis, Arthrose, Schleimbeutelentzündungen, Narben-, Muskel- und Gelenkschmerzen ihren Einsatz finden.

Zutaten:

100 ml Beinwell-Öl
10 g Bienenwachs

Herstellung:
Erwärmen Sie Wasser in einem Kochtopf und erhitzen Sie es auf ca. 60 - 70 Grad. Geben Sie die beiden Zutaten in ein feuerfestes Glas und stellen Sie dieses in das Wasserbad, bis alles geschmolzen ist. Rühren Sie die Zutaten langsam um, damit wenig Luft eingerührt wird, um die Haltbarkeit so zu verlängern. Wenn alles gut verrührt ist, nehmen Sie das Glas aus dem Wasserbad heraus und füllen Sie die Salbe portionsweise ab. Zum Abfüllen eignen sich am besten kleine Salbendöschen oder -tiegel. Ist die Salbe abgekühlt, verschließen Sie sie gut. Beschriften nicht vergessen und kühl und dunkel aufbewahren. Kontrollieren Sie, ob die Salbe die gewünschte Festigkeit besitzt. Dazu entnehmen Sie mit einem kleinen Löffel etwas von der noch warmen Salbe und geben sie auf einen kalten Teller. Wenn sie zu dünn geworden ist, geben Sie unter dem oben beschriebenen Vorgang noch etwas Bienenwachs hinzu. Je kühler die Salbe gelagert wird, desto fester wird sie.

Anwendung:
Die Salbe kann sehr gut als Salbenverband angewandt werden und immer nur für so lange, wie sie benötigt wird, manchmal reichen wenige Tage aus.

Blutstillende Salbe

Um diese Salbe herstellen zu können, benötigen Sie drei verschiedene Öle. Sie dient als Notversorgung für kleine Wurden, welche bluten, also offene Wunden. Zusätzlich können Sie 2 – 4 ml Vitamin E für eine längere Haltbarkeit hinzufügen.

Zutaten:

100 ml Schafgarben-Öl
50 ml Kamillen-Öl
50 ml Gänseblümchen-Öl
10 g Bienenwachs
2 - 4 ml Vitamin E *(optional)*

Herstellung:
Schmelzen Sie unter sanftem Rühren in einem Wasserbad das Bienenwachs zusammen mit den Ölen. Sanftes Rühren ist wichtig, damit es zu wenig bis gar keinen Lufteinschlüssen kommt. Um die Konsistenz der Salbe zu überprüfen, können Sie mit einem kleinen Löffel etwas von der noch warmen Salbe entnehmen und sie auf einen kalten Teller geben. Wenn sie zu dünn geworden ist, geben Sie unter dem oben beschriebenen Vorgang noch etwas Bienenwachs hinzu. Bedenken Sie dabei aber auch: je kühler die Salbe gelagert wird, desto fester wird sie. Bevor Sie die Salbe in die bereit gestellten Tiegel abfüllen, können Sie das Vitamin E einrühren. Im Kühlschrank gelagert, hält sich die Salbe ein paar Monate. Stellen Sie daher immer nur so viel Salbe her, wie Sie benötigen.
Beschriften nicht vergessen!

Anwendung:
Die Salbe kann direkt auf die betroffenen Stellen aufgetragen werden.
Verwenden Sie zum Entnehmen der Salbe immer einen sauberen Holzspatel, somit verlängern Sie die Haltbarkeit.

CBD-Creme

Die Creme lindert Scherzen, hemmt Entzündungen, lockert die Muskulatur, regt die Zellerneuerung an, unterstützt die Behandlung von Arthritis, Hot Spots und anderen Hauterkrankungen. Ebenso kann sie bei Ohrrandekzemen und rissigen Pfotenballen angewandt werden.

Zutaten:

30 ml Hanföl (ersatzweise auch Arganöl)
5 g Emulsan (rein pflanzlich)
5 g Sheabutter
5 ml CBD-Öl 10 %-ig
60 ml gefiltertes oder destilliertes Wasser

Herstellung:
Wiegen Sie zuerst die Zutaten ab. Für die Herstellung wird in zwei Phasen gearbeitet. Hierbei spricht man von einer Fettphase und einer Wasserphase. Beginnen Sie mit der Fettphase. Dazu schmelzen Sie unter sanftem Rühren in einem Wasserbad die Sheabutter. Sanftes Rühren ist wichtig, damit es zu wenig bis gar keinen Lufteinschlüssen kommt. Nachdem sie geschmolzen ist, geben Sie das Hanföl und das Emulsan hinzu und lassen es auf ca. 50 Grad abkühlen. Wieder alles gut und sanft verrühren. Optional können einige Tropfen Vitamin E hinzugefügt werden, dann hält sich die Creme etwas länger.
In einem weiteren Gefäß erwärmen Sie nun das abgewogene Wasser bis maximal 40 Grad. Messen Sie bitte die Temperatur dabei. Es ist ganz wichtig, dass diese nicht überschritten wird. Gießen Sie nun langsam unter ständigem Rühren die Fettmasse in das Wasser ein, bis eine homogene Masse entsteht. Jetzt kann auch das CBD-Öl hinzugefügt werden. Es kann einige Zeit in Anspruch nehmen, bis alles gut vermischt ist.
Da es sich um eine Creme (wasserhaltige Salbe) handelt, ist diese etwas weicher als eine Salbe. Zum Abfüllen eignen sich am besten kleine Sal-

bendöschen oder -tiegel. Im Kühlschrank gelagert, hält sich die Creme zwei bis drei Monate. Die Creme kann auch eingefroren werden, dann hält sie noch länger. Beschriften nicht vergessen!

Cistrosen-Salbe

Die Salbe wirkt antibakteriell, antiviral, pilzhemmend, antiparasitisch und entzündungs- und juckreizhemmend und findet somit ihren Einsatz u. a. bei Wunden und Pilzbefall.

Zutaten:

100 ml Cistrosen-Öl
25 g Sheabutter
10 g Bienenwachs

Herstellung:
Schmelzen Sie unter sanftem Rühren in einem Wasserbad das Bienenwachs zusammen mit der Sheabutter. Sanftes Rühren ist wichtig, damit es zu wenig bis gar keinen Lufteinschlüssen kommt. Nachdem es geschmolzen ist geben Sie das Öl hinzu. Danach verrühren sie die Masse sanft, bis alles gut vermischt ist. Um die Konsistenz der Salbe zu überprüfen, können Sie mit einem kleinen Löffel etwas von der noch warmen Salbe entnehmen und geben es auf einen kalten Teller. Wenn es zu dünn geworden ist, geben Sie unter dem oben beschriebenen Vorgang noch etwas Bienenwachs hinzu. Bedenken Sie dabei aber auch, je kühler die Salbe gelagert wird, desto fester wird sie. Im Kühlschrank gelagert, hält sich die Salbe ein paar Monate. Stellen Sie daher immer nur so viel Salbe her, wie Sie benötigen. Nach dem Abfüllen in kleine Salbendöschen Beschriften nicht vergessen!

Anwendung:
Wenn Sie die Salbe bei Ihrem Hund z. B. auf eine Wunde auftragen möchten, entnehmen Sie etwas Salbe und tragen sie dünn auf die betroffene Stelle mehrmals täglich auf. Verwenden Sie zum Entnehmen der Salbe immer einen sauberen Holzspatel, somit verlängern Sie die Haltbarkeit.

Giersch-Creme

Diese Creme eignet sich nicht nur in der Anwendung bei Hämorrhoiden, sondern auch bei Gicht und Rheumaschmerzen. Die Creme kann auch als Umschlag angewandt werden. Hierzu wird die Creme mit Wasser erwärmt, auf ein Tuch gegeben und auf die Stelle, wo sie wirken soll, aufgelegt. Ebenso hilft sie bei der Wundheilung.

Zutaten:
40 g Giersch-Tinktur
40 g Giersch-Öl
15 g Sheabutter
5 g Bienenwachs
Vitamin E *(optional)*
8 Tropfen ätherisches Minz-Öl *(optional)*

Herstellung:
Wiegen Sie zuerst die Zutaten ab. Für die Herstellung wird in zwei Phasen gearbeitet. Hierbei spricht man von einer Fettphase und einer Wasserphase. Beginnen Sie mit der Fettphase. Dazu schmelzen Sie unter sanftem Rühren in einem Wasserbad das Bienenwachs und die Sheabutter. Sanftes Rühren ist wichtig, damit es zu wenig bis gar keinen Lufteinschlüssen kommt. Nachdem es geschmolzen ist, geben Sie das Giersch-Öl hinzu und lassen es auf ca. 55 Grad abkühlen. Wieder alles

gut sanft verrühren. Optional können einige Tropfen Vitamin E hinzugefügt werden, dann hält sich die Creme etwas länger.
In einem weiteren Gefäß erwärmen Sie nun die abgewogene Tinktur bis maximal 40 Grad. Messen Sie bitte die Temperatur dabei. Es ist ganz wichtig, dass diese nicht überschritten wird.
Gießen Sie nun langsam unter ständigem Rühren die Fettmasse in die Tinktur ein, bis eine homogene Masse entsteht. Jetzt kann auch das Minz-Öl hinzugefügt werden. Es kann einige Zeit in Anspruch nehmen, bis alles gut vermischt ist. Nun kann alles in kleine Salbendöschen abgefüllt werden.
Da es sich um eine Creme (wasserhaltige Salbe) handelt, ist diese etwas weicher als eine Salbe. Im Kühlschrank gelagert, hält sich die Creme mehrere Monate bis ein Jahr. Beschriften nicht vergessen!

Hanf-Salbe

Die Salbe wird hauptsächlich bei Hautproblemen und zur lokalen Schmerzbehandlung angewandt. Sie lindert Juckreiz und wirkt entzündungshemmend.

Zutaten:

200 g Bio-Kokosöl
7 - 8 g Hanf-Tee (Blüten und Blätter)
30 g Bienenwachs
1 TL Vitamin E *(optional)*
10 Tropfen Minz- oder Rosmarinöl *(ätherisches Öl, optional)*

Geben Sie den Hanf-Tee auf ein Backblech und stellen Sie den Ofen auf 115 °C. „Backen“ Sie den Tee für ca. 30-40 Minuten.
Erwärmen Sie Wasser in einem Kochtopf und erhitzen das Wasser auf ca. 50 bis maximal 60 Grad. Geben Sie das Kokosöl hinein und wenn es

geschmolzen ist, den gebackenen Hanftee dazu. Es ist wichtig den Tee vorher zu backen, nur so werden die wichtigen Wirkstoffe „aktiviert“. Das Ganze sollte nun unter Rühren ca. 20 Minuten bei gehaltener Temperatur ziehen. Nehmen Sie das Glas aus dem Wasserbad, verschließen Sie es und lassen es für gut 2 Tage an einem warmen Ort ziehen.
Nach der Ruhezeit erwärmen Sie das Gemisch wieder in einem Wasserbad, bis es flüssig geworden ist und durch ein Haarsieb gefiltert werden kann. Das gefilterte Öl geben Sie wieder in ein sauberes Glas welches Sie in ein ca. 50 Grad temperiertes Wasserbad stellen.
Erhitzen Sie das Bienenwachs in einem separaten Wasserbad, bis es geschmolzen ist. Hier können Sie das Wasserbad ruhig auf 70 Grad erhitzen. Geben Sie nun das Hanfkokosöl langsam unter Rühren hinzu. Rühren Sie weiter und geben nach Bedarf Vitamin E und das ätherische Öl hinzu. Rühren sie die Zutaten langsam um, damit wenig Luft eingerührt wird, um die Haltbarkeit so zu verlängern.
Wenn alles gut verrührt ist, nehmen Sie das Glas aus dem Wasserbad und füllen die Salbe portionsweise in kleine Salbendöschen oder -tiegel ab. Ist die Salbe abgekühlt, verschließen Sie sie gut. Die Salbe kühl und dunkel aufbewahren und Beschriften nicht vergessen!
Die Salbe lässt sich auch einfrieren, um die Haltbarkeit zu verlängern.

Honig-Salbe

Ihr Hund leidet unter einer trockenen, rissigen Nase oder unter trockenen, rissigen Pfoten?
Die Salbe ist auch bei gereizter Haut oder Schürfwunden anzuwenden. Honig hemmt das Wachstum von Bakterien und wirkt daher antibakteriell und lindert Schwellungen.
Um eine Honig-Salbe herzustellen, benötigen Sie nur drei Zutaten.
Bei der Auswahl des Honigs achten Sie bitte darauf, was Sie bezwecken wollen. Sie können einen einfachen Blütenhonig, aber auch einen Wald-

oder Manuka-Honig verwenden. Jede Honig-Art lässt sich verarbeiten, achten Sie dabei nur auf gute Imkerqualität.

Zutaten:

100 ml Olivenöl
20 g Bienenwachs
100 ml Honig

Herstellung:
Schmelzen Sie unter sanftem Rühren in einem Wasserbad das Bienenwachs zusammen mit dem Öl. Sanftes Rühren ist wichtig, damit es zu wenig bis gar keinen Lufteinschlüssen kommt. Nachdem das Bienenwachs geschmolzen ist, geben Sie den Honig hinzu, je mehr Sie verwenden, desto klebriger wird die Salbe. Danach verrühren Sie die Masse sanft, bis alles gut vermischt ist.
Um die Konsistenz der Salbe zu überprüfen, können Sie mit einem kleinen Löffel etwas von der noch warmen Salbe entnehmen und geben sie auf einen kalten Teller. Wenn sie zu dünn geworden ist, geben Sie unter dem oben beschriebenen Vorgang noch etwas Bienenwachs hinzu. Bedenken Sie dabei aber auch: je kühler die Salbe gelagert wird, desto fester wird sie. Die Salbe hält sich kühl gelagert über mehrere Monate. In kleine Salbendöschen abfüllen und Beschriften nicht vergessen!

Anwendung:
Wenn Sie die Salbe bei Ihrem Hund z. B. auf eine Wunde auftragen möchten, entnehmen Sie etwas Salbe und tragen sie dünn auf die betroffene Stelle mehrmals täglich auf. Verwenden Sie zum Entnehmen der Salbe immer einen sauberen Holzspatel, somit verlängern Sie die Haltbarkeit.

Johanniskraut-Salbe

Diese Salbe gehört in jede Hausapotheke. Sie kann bei sehr vielen „Wehwehchen“ angewandt werden. Ob bei Prellungen, Zerrungen, Quetschungen, Schwellungen, Entzündungen (auch Ohrenentzündungen), Verbrennungen oder Wunden.
Um die Salbe herstellen zu können, benötigen Sie nur zwei Zutaten, nämlich: Bienenwachs und Johanniskraut-Öl (siehe Kapitel Öle).

Zutaten:
100 ml Johanniskraut-Öl
10 g Bienenwachs

Herstellung:
Erwärmen Sie Wasser in einem Kochtopf und erhitzen Sie es auf ca. 60 - 70 Grad. Geben Sie die beiden Zutaten in ein feuerfestes Glas und stellen Sie dieses in ein Wasserbad, bis alles geschmolzen ist. Rühren Sie die Zutaten langsam um, damit wenig Luft eingerührt wird, um die Haltbarkeit so zu verlängern. Wenn alles gut verrührt ist, nehmen Sie das Glas aus dem Wasserbad heraus und füllen Sie die Salbe portionsweise ab. Zum Abfüllen eignen sich am besten kleine Salbendöschen oder -tiegel. Ist die Salbe abgekühlt, verschließen Sie sie gut. Beschriften nicht vergessen und kühl und dunkel aufbewahren.
Da Johanniskraut die Wirkung anderer Präparate beeinflussen kann, sollten Sie die Anwendung mit Ihrem Tierarzt oder Tierheilpraktiker besprechen. Außerdem ist bei einer Johanniskraut-Öl oder -Salben-Anwendung zu beachten, dass direkt nach der Anwendung der Hund nicht dem Sonnenlicht (UV-Strahlung) ausgesetzt wird.

Kräutermilch-Creme

Sie können auch schnell eine Creme mit wenigen Zutaten herstellen, ohne etwas zu erhitzen. Nachteil ist jedoch, dass diese nicht lange haltbar ist, selbst wenn sie im Kühlschrank aufbewahrt wird. Es ist jedoch eine schnelle Alternative, wenn man ohne großen Aufwand eine Creme benötigt, und das jeweilige Kräuteröl vorhanden ist. Die Wirkung der Creme ist immer dem verwendeten Kraut zuzuordnen. Sie können sie also aus allen Kräuterölen, welche in diesem Buch beschrieben und für die äußere Anwendung geeignet sind, herstellen.

Hier ein Beispiel:

Zutaten:

50 ml Gänseblümchen-Öl
25 ml Vollmilch

Herstellung:
Geben Sie die Milch in ein Glas und verrühren diese mit einem Mixer und geben langsam das Öl, während der Mixer läuft, hinzu. Verrühren Sie die beiden Zutaten so lange, bis eine geschmeidige Creme entsteht. Diese Creme hilft bei Hautrötungen oder auch Entzündungen im Maulbereich. Sie wirkt entzündungshemmend und wundheilend.

Tipp: Füllen Sie die Creme nicht nur in ein Salbendöschen, sondern in zwei bis drei kleinere Döschen und frieren die restlichen ein. Nach dem Auftauen ist die Creme dann zwar nicht mehr so geschmeidig, an der Wirkung ändert sich jedoch nichts.

Bei Hunden, welche unter einer Kuhmilchallergie leiden, sollten Sie z. B. Ziegenmilch oder Hafermilch verwenden (siehe Ausführungen unter Kräuter-Salben und -Cremes).

Löwenzahnblüten-Creme

Die Creme ist besonders gut geeignet für trockene Hautpartien oder als Pfotenschutz. Die Herstellung ist etwas zeitaufwändig, allerdings einfach in der Herstellung. Sie duftet herrlich und weist eine besonders schöne gelbe Farbe auf.

Was Sie dazu benötigen, sind Bio-Kokosöl und Löwenzahnblüten und natürlich die Utensilien zur Herstellung.

Pflücken Sie so viele Löwenzahnblüten, wie Sie Kokosöl verwenden möchten. Also die Anteile sollten etwa gleich sein.

Die Löwenzahnblüten sollten vor der Herstellung getrocknet werden, um das Wasser zu entziehen, damit nicht so viel Wasser in die Creme gelangt. Wie Sie die Blüten am besten trocknen können, lesen Sie bitte im Kapitel „Kräuter trocknen".

Nachdem die Blüten getrocknet sind, erwärmen Sie das Kokosöl in einem Wasserbad, bis es flüssig ist. Dazu geben Sie die gewünschte Menge Kokosöl in ein Gefäß, welches Sie in einen größeren Topf mit etwas Wasser stellen. Diesen Topf stellen Sie auf den Herd und erwärmen dies auf ca. 80 Grad.

Wenn das Öl flüssig geworden ist, geben Sie die Blüten dazu und lassen es ca. zwei Stunden bei 80 Grad ziehen. Ab und zu sollten Sie es umrühren, um die Stoffe besser zu vermischen.

Wer einen Thermomix besitzt, kann das Kokosöl bei 80 Grad mit der Stufe 1 schmelzen lassen. Dann die getrockneten Blüten dazugeben und für weitere 90 Minuten bei Stufe 1 ziehen lassen.

Nachdem die Blüten im Kokosöl ihre Zeit verbracht haben, werden diese abgeseiht. Nehmen Sie dazu ein feines Haarsieb und drücken Sie die Blüten mit einem Löffel oder dem Rücken einer Schöpf- oder Soßenkelle fest aus. Vorsicht: heiß! Sie sollten auf keinen Fall die Hände dazu nehmen. Lassen Sie nun das Ganze bei Zimmertemperatur abkühlen. Nachdem es die Zimmertemperatur erreicht hat, kühlen Sie es im Kühlschrank weiter runter, bis es fest geworden ist.

Wenn Sie die Löwenzahnblüten trocknen, legen Sie die frisch gepflückten Blüten auf ein Stück Küchenrollenpapier und an einen luftigen Platz.

Nach wenigen Stunden sehen sie schon angewelkt aus.

In diesem Zustand können sie schon zur Creme verarbeitet werden.

Die feste Masse wird nun mit einem Handmixer für ca. 2 Minuten aufgeschlagen, bis eine cremige Konsistenz erreicht ist. Sie können auch das Ganze im Thermomixgefäß kalt werden lassen und darin bei Stufe 6 aufschlagen. Danach wird die Creme in kleine Salbendöschen abgefüllt. Beschriften nicht vergessen!

Diese Creme ist auch im Maul- und Nasenbereich Ihres Hundes anwendbar. Spröde, trockene Ohren lassen sich ebenfalls mit dieser Creme gut behandeln, oder wie schon erwähnt, für trockene Hautpartien und als Pfotenschutz.

Pfoten-Pflegesalbe

Eine Pflegesalbe für die Pfoten sollte jeder Hundehalter besitzen. Nicht nur in der kalten Jahreszeit, um die Pfoten vor Streusalz zu schützen, sondern bei jeder Jahreszeit kann diese zum Einsatz kommen.
Die Pflegesalbe ist vegan und sollte nicht über 25 Grad gelagert werden.

Zutaten:

20 g Kokosöl (am besten Bio)
30 g Sheabutter
5 g Olivenöl (gerne auch ein Monokräuteröl)

Herstellung:
Schmelzen Sie unter sanftem Rühren in einem Wasserbad das Kokosöl mit der Sheabutter, danach geben Sie das Öl hinzu. Sanftes Rühren ist wichtig, damit es zu wenig bis gar keinen Lufteinschlüssen kommt. Ist alles gut vermischt, füllen Sie die Salbe portionsweise ab. Zum Abfüllen eignen sich am besten kleine Salbendöschen oder -tiegel. Beschriften nicht vergessen! Verwenden Sie zum Entnehmen der Salbe immer einen sauberen Holzspatel, somit verlängern Sie die Haltbarkeit.

Ringelblumen-Salbe (Calendula-Salbe)

Diese Salbe gehört zu den Klassikern der Salbenherstellung und sollte in jeder Hausapotheke vorhanden sein. Ihre Anwendung findet sie bei nässenden Ausschlägen, leichten Verbrennungen, in der Wundheilung, bei rissigen oder wunden Pfoten oder Ohren, bei Verletzungen im Nasenbereich, Liegeschwielen oder anderen stark beanspruchten Hautstellen. Sie hilft bei Quetschungen, Riss- oder Schürfwunden und kann auch bei eitrigen Prozessen angewandt werden. Die Salbe wirkt entzündungshemmend und wundheilend.

Zutaten:

200 g Kokosöl (am besten Bio)
40 g frische oder 20 g getrocknete Ringelblumenblüten (*nur die Blätter der Blüten)*
20 g Lanolin oder Sheabutter
5 g Bienenwachs

Herstellung:
Erwärmen Sie Wasser in einem Kochtopf und erhitzen Sie es auf ca. 50 bis 60 Grad. Geben Sie das Kokosöl und die Ringelblumenblüten in ein Glas, welches verschlossen werden kann, und stellen Sie dieses in das Wasserbad, bis alles geschmolzen ist. Das Ganze sollte nun unter Rühren 1,5 Stunden bei gehaltener Temperatur ziehen. Nehmen Sie das Glas aus dem Wasserbad, verschließen Sie es und lassen dies gut zwei Tage lang an einem warmen Ort ziehen.
Nach der Ruhezeit erwärmen Sie das Gemisch wieder in einem Wasserbad, bis es flüssig geworden ist und durch ein Haarsieb gefiltert werden kann. Das gefilterte Öl geben Sie nun wiederum in ein sauberes Glas, welches Sie in ein Wasserbad stellen, nun werden die restlichen Zutaten hinzugefügt. Das Ganze bei 60 bis 70 Grad weiter verrühren, bis alles geschmolzen ist. Rühren Sie die Zutaten sehr langsam um, damit wenig Luft eingerührt wird, um die Haltbarkeit so zu verlängern.
Wenn alles gut verrührt ist, nehmen Sie das Glas aus dem Wasserbad heraus und füllen Sie die Salbe portionsweise in kleine Salbendöschen oder -tiegel ab. Wenn die Salbe abgekühlt ist, verschließen Sie die Döschen gut. Beschriften nicht vergessen und kühl und dunkel aufbewahren.

Ringelblumen-Creme 2 (Calendula-Creme)

Da diese Creme sehr beliebt ist, möchte ich gerne mit dieser noch ein weiteres Rezept beschreiben. Die Wirkungsweise ist mit der anderen Salbe zu vergleichen.

Zutaten:

100 ml Ringelblumen-Öl
10 ml Ringelblumen-Tinktur
50 g Lanolin oder Sheabutter

12 g Bienenwachs
2 ml Vitamin E *(optional)*

Herstellung:
Für die Herstellung wird in zwei Phasen gearbeitet. Hierbei spricht man von einer Fettphase und einer Wasserphase. Beginnen Sie mit der Fettphase, dazu schmelzen Sie, unter sanftem Rühren, in einem Wasserbad, das Bienenwachs zusammen mit dem Lanolin. Sanftes Rühren ist wichtig, damit es zu wenig bis gar keinen Lufteinschlüssen kommt. Nachdem es geschmolzen ist, geben Sie das Ringelblumenöl hinzu und lassen es auf ca. 55 Grad abkühlen. Wieder alles gut sanft verrühren. Optional können 2 ml Vitamin E hinzugefügt werden, dann hält sich die Creme etwas länger.
Gießen Sie nun langsam unter ständigem Rühren die Fettmasse in die Tinktur ein, bis eine homogene Masse entsteht. Danach kann die Creme in die bereit gestellten Tiegel abgefüllt werden. Beschriften nicht vergessen und bitte im Kühlschrank aufbewahren. Ohne Vitamin E-Zugabe sollte die Creme innerhalb eines Monats aufgebraucht werden.

Anwendung:
Die Creme kann direkt auf die betroffenen Stellen mehrmals täglich, je nach Bedarf, aufgetragen werden.

Rosskastanien-Creme

Die Früchte verfügen über eine ganze Bandbreite an Wirkstoffen: Saponine, Gerbstoffe und Aescin sind die wichtigsten für unsere Creme.
Sie hilft bei Hautproblemen, wie z. B. schorfigen Hautstellen, Ekzemen, Akne, Juckreiz, Wunden, aber auch, um die Durchblutung der Haut zu fördern, und ist bei Rheuma und Gelenkschmerzen anwendbar.

Um die Creme herzustellen, benötigen Sie eine Rosskastanien-Tinktur (siehe Kapitel Tinkturen) und Wacholderbeer-Öl (siehe Kapitel Öle).

Zutaten:

- 60 ml Rosskastanien-Tinktur
- 60 ml Olivenöl
- 30 g Lanolin
- 8-10 g Bienenwachs *(je nachdem, wie fest die Salbe werden soll)*
- 20 Tropfen Wacholderbeer-Öl

Herstellung:
Erwärmen Sie Wasser in einem Kochtopf und erhitzen Sie es auf ca. 60-70 Grad. Geben Sie in der Zwischenzeit das Olivenöl, Bienenwachs und das Lanolin in ein feuerfestes Glas und stellen Sie dieses in das Wasserbad, bis alles geschmolzen ist. Nehmen Sie das Glas mit einem Topflappen heraus und erwärmen Sie die Tinktur auf die gleiche Weise in einem zweiten Glas. Hat es dieselbe Temperatur erreicht, geben sie unter langsamem Rühren die Tinktur in das Öl-Wachsgemisch. Rühren Sie so lange, bis es etwas abgekühlt, aber noch flüssig genug ist, um es abzufüllen. Zum Abfüllen eignen sich am besten kleine Salbendöschen oder -tiegel. Ist die Creme abgekühlt, verschließen Sie sie gut. Beschriften nicht vergessen und kühl und dunkel aufbewahren.
Tipp: Wer die Creme länger haltbar machen möchte, gibt zum Schluss etwas Vitamin E-Öl bei der Herstellung hinzu.

Schafgarben-Salbe

Die Salbe wirkt vor allem entzündungshemmend und durchblutungsfördernd. Sie fördert die Zellerneuerung der Haut und findet daher hauptsächlich Ihren Einsatz bei der Wundbehandlung. Ebenso kann Sie bei rissigen Fußballen und Geschwüren angewandt werden.

Zutaten:

150 ml Schafgarben-Öl
15 g Sheabutter oder Beerenwachs
8 g Bienenwachs
Vitamin E *(optional)*
10 Tropfen ätherisches Schafgarbenöl *(optional)*

Herstellung:
Schmelzen Sie unter sanftem Rühren in einem Wasserbad das Bienenwachs zusammen mit der Sheabutter oder dem Beerenwachs. Sanftes Rühren ist wichtig, damit es zu wenig bis keinen Lufteinschlüssen kommt. Nachdem es geschmolzen ist, geben Sie das Öl hinzu. Verrühren Sie die Masse sanft, bis alles gut vermischt ist. Zum Schluss geben Sie optional das Vitamin E und das ätherische Öl hinzu.
Um die Konsistenz der Salbe zu überprüfen, können Sie mit einem kleinen Löffel etwas von der noch warmen Salbe entnehmen und geben es auf einen kalten Teller. Wenn sie zu dünn geworden ist, geben Sie unter dem oben beschriebenen Vorgang noch etwas Bienenwachs hinzu. Bedenken Sie dabei aber auch, je kühler die Salbe gelagert wird, desto fester wird sie. Zum Abfüllen eignen sich am besten kleine Salbendöschen oder -tiegel. Im Kühlschrank gelagert, hält sich die Salbe ein paar Monate. Stellen Sie daher immer nur so viel Salbe her, wie Sie benötigen. Sie können die Salbe auch einfrieren, um die Haltbarkeit zu verlängern.
Beschriften nicht vergessen!

Anwendung:
Wenn Sie die Salbe Ihrem Hund z. B. auf eine Wunde auftragen möchten, entnehmen Sie etwas Salbe und tragen sie dünn auf die betroffene Stelle mehrmals täglich auf. Verwenden Sie zum Entnehmen der Salbe einen sauberen Holzspatel, so verlängern Sie die Haltbarkeit der Salbe.

Spitzwegerich-Salbe

Diese Salbe gehört zu den sogenannten „Erste Hilfe"-Salben. Sie hilft bei der Wundheilung, bei Verbrennungen, Insektenstichen und -bissen, Prellungen, Quetschungen, Schwellungen und lindert Juckreiz. Spitzwegerich wirkt vor allem blutreinigend, blutstillend, antibakteriell, entzündungshemmend und ist hilfreich bei einer Behandlung von mit Hefepilz befallenen Hautpartien.

Zutaten:

100 g Spitzwegerich-Öl
10 g Bienenwachs oder 20 g Sheabutter

Herstellung:
Zuerst sollte man sich entscheiden, ob man Bienenwachs oder Sheabutter verwenden möchte. Sheabutter wäre eine vegane Alternative für Bienenwachs. Durch die Verwendung von Sheabutter wird die Salbe weicher, ist also leichter zu verarbeiten, sie ist jedoch gegebenenfalls nicht so lange haltbar, wie mit Bienenwachs hergestellt.
Erwärmen Sie Wasser in einem Kochtopf und erhitzen Sie es auf ca. 60-70 Grad. Geben Sie die beiden Zutaten in ein Glas und stellen Sie dieses in das Wasserbad, bis alles geschmolzen ist. Rühren Sie die Zutaten langsam um, damit wenig Luft eingerührt wird, um die Haltbarkeit so zu verlängern. Wenn alles gut verrührt ist, nehmen Sie das Glas aus dem Wasserbad heraus und füllen Sie die Salbe portionsweise ab. Zum Abfüllen eignen sich am besten kleine Salbendöschen oder -tiegel. Ist die Salbe abgekühlt, verschließen Sie sie gut. Beschriften nicht vergessen und kühl und dunkel aufbewahren.

Veilchen-Salbe

Schon Hildegard von Bingen wusste von der Wirksamkeit des Veilchens. Sie beschreibt in ihrer Literatur antidepressive, schmerzstillende, wundheilende und krebshemmende Eigenschaften des Veilchens.
Direkt eingerieben, wirkt die Salbe hautpflegend, sie ist auch anzuwenden bei rissiger und spröder Haut (auch im Nasenbereich und an den Pfoten). Sie kann ebenso nach Operationen für eine schnellere und bessere Wundheilung und um starke Narbenbildung zu vermeiden oder älteres Narbengewebe abheilen zu lassen, angewandt werden. Ebenso findet sie ihren Einsatz bei Quetschungen, Geschwüren und Lymphdrüsenschwellungen.
Um die Salbe herstellen zu können, benötigen Sie nur zwei Zutaten, nämlich Bienenwachs und Veilchen-Öl (siehe Kapitel Öle).

Zutaten:
- 100 ml Veilchen-Öl
- 10 g Bienenwachs

Herstellung:
Erwärmen Sie Wasser in einem Kochtopf und erhitzen Sie es auf ca. 60-70 Grad. Geben Sie die beiden Zutaten in ein feuerfestes Glas und stellen Sie dieses in das Wasserbad, bis alles geschmolzen ist. Rühren Sie die Zutaten langsam um, damit wenig Luft eingerührt wird, um die Haltbarkeit so zu verlängern. Wenn alles gut verrührt ist, nehmen Sie das Glas aus dem Wasserbad heraus und rühren Sie langsam weiter, bis es abgekühlt ist, um die Salbe portionsweise abfüllen zu können. Verwenden Sie kleine Döschen, da die Salbe sehr empfindlich ist. Ist die Salbe abgekühlt, verschließen Sie sie gut. Beschriften nicht vergessen und kühl und dunkel aufbewahren. Die Salbe können Sie auch einfrieren, um die Haltbarkeit zu verlängern.

Tipp: Wer die Salbe länger haltbar machen möchte, gibt ca. 2 ml Vitamin E-Öl bei der Herstellung hinzu.
Verwenden Sie zum Entnehmen der Salbe immer einen sauberen Holzspatel, auch somit verlängern Sie die Haltbarkeit.

Vogelmiere-Salbe

Die Salbe wirkt entzündungshemmend, blutstillend, wundheilend, lindert Juckreiz und beruhigt die Haut. Ihren Einsatz findet sie bei verschiedenen Hauterkrankungen, Geschwüren, Furunkeln, Wunden und bei Juckreiz.

Zutaten:

200 ml Olivenöl
1 große Handvoll Vogelmiere
ca. 15 g Bienenwachs

Geben Sie die Vogelmiere und das Öl in einen Topf und pürieren es fein. Lassen Sie das Ganze nun kurz aufkochen und reduzieren die Temperatur. Lassen Sie es noch eine halbe Stunde bei Siedetemperatur ziehen. Danach schalten Sie den Herd aus und lassen es mindestens eine weitere Stunde ziehen. Filtern Sie das Öl durch ein feines Sieb (Haarsieb) und geben Sie das gefilterte Öl in einen sauberen Topf. Nun geben Sie das Bienenwachs hinzu und verrühren es sanft, bis es geschmolzen ist. Achten Sie dabei darauf, dass Sie das Wachs bei niedriger Temperatur zum Schmelzen bringen. Kontrollieren Sie, ob die Salbe die gewünschte Festigkeit besitzt. Dazu entnehmen Sie mit einem kleinen Löffel etwas von der noch warmen Salbe und geben es auf einen kalten Teller. Wenn sie zu dünn geworden ist, geben Sie unter dem oben beschriebenen Vorgang noch etwas Bienenwachs hinzu. Ich habe diese Salbe gerne etwas weicher, dann lässt sie sich auf behaarte Haut besser auftragen. Je kühler die Salbe gelagert wird, desto fester wird sie.

Zum Abfüllen eignen sich am besten kleine Salbendöschen oder -tiegel. Ist die Salbe abgekühlt, verschließen Sie sie gut. Beschriften nicht vergessen und kühl und dunkel aufbewahren.

Anwendung:
Die Salbe kann direkt auf die betroffenen Stellen aufgetragen, aber auch sehr gut als Salbenverband angewandt werden.

Wundcreme mit Ringelblume und Propolis

Diese Creme eignet sich hervorragend für eine bessere Wundheilung. Vor allem bei Riss-, Biss- und Schürfwunden, auch wenn diese schon eitrig sind oder nicht heilen wollen. Ebenso ist die Creme sehr gut geeignet zur Narbenbehandlung (nach Operationen). Trockene, rissige Pfotenballen oder Liegeschwielen können mit dieser Creme ebenso behandelt werden.

Zutaten:

50 ml Ringelblumen-Öl
30 ml Ringelblumen-Tinktur
20 ml Propolis-Tinktur
15 g Bienenwachs
30 g Sheabutter oder Lanolin
Vitamin E *(optional)*

Herstellung:
Für die Herstellung wird in zwei Phasen gearbeitet. Hierbei spricht man von einer Fettphase und einer Wasserphase. Beginnen Sie mit der Fettphase. Dazu schmelzen Sie unter sanftem Rühren in einem Wasserbad das Bienenwachs zusammen mit dem Lanolin. Sanftes Rühren ist wichtig, damit es zu wenig bis gar keinen Lufteinschlüssen kommt. Nachdem es geschmolzen ist, geben Sie das Ringelblumen-Öl hinzu und lassen es

auf ca. 55 Grad abkühlen. Wieder alles sanft verrühren. Optional können einige Tropfen Vitamin E hinzugefügt werden, dann hält sich die Creme etwas länger.
In einem weiteren Gefäß erwärmen Sie nun die abgewogenen Tinkturen bis maximal 40 Grad. Beide Tinkturen können dabei zusammengekippt werden. Messen Sie bitte die Temperatur dabei. Es ist ganz wichtig, dass diese nicht überschritten wird.
Gießen Sie nun langsam unter ständigem Rühren die Fettmasse in die Tinktur ein, bis eine homogene Masse entsteht.
Da es sich um eine Creme (wasserhaltige Salbe) handelt, ist diese etwas weicher als eine Salbe. Zum Abfüllen eignen sich am besten kleine Salbendöschen oder -tiegel. Im Kühlschrank gelagert, hält sich die Creme mehrere Monate bis zu einem Jahr. Beschriften nicht vergessen!

Anwendung:
Die Creme kann, je nach Bedarf, direkt auf die betroffenen Stellen mehrmals täglich aufgetragen werden.

Wundcreme 2

Eine weitere Wundcreme aus verschiedenen Tinkturen und somit mit einer breiteren Wirkung können Sie mit folgenden Zutaten selbst herstellen. Die Wirkungsweisen entnehmen Sie bitte dem Kapitel Tinkturen.

Zutaten:
- 5 g Cistrosen-Tinktur
- 5 g Schafgarben-Tinktur
- 5 g Ringelblumen-Tinktur
- 5 g Hamamelis-Tinktur
- 5 g Rosskastanien-Tinktur
- 5 g Arnika-Tinktur

40 g Olivenöl
10 g Kokosöl (am besten Bio)
5 g Bienenwachs
5 g Sheabutter

Herstellung:
Wiegen Sie zuerst die Zutaten ab. Für die Herstellung wird in zwei Phasen gearbeitet. Hierbei spricht man von einer Fettphase und einer Wasserphase. Beginnen Sie mit der Fettphase, dazu schmelzen Sie, unter sanftem Rühren, in einem Wasserbad, die Öle, das Bienenwachs und die Butter. Sanftes Rühren ist wichtig, damit es zu wenig bis gar keinen Lufteinschlüssen kommt. Nachdem es geschmolzen ist, geben Sie das Olivenöl hinzu und lassen es auf ca. 55 Grad abkühlen. Wieder alles gut sanft verrühren. Optional können 1 - 2 ml Vitamin E hinzugefügt werden, dann hält sich die Creme etwas länger.
In einem weiteren Gefäß erwärmen Sie nun die abgewogenen Tinkturen bis maximal 40 Grad. Alle Tinkturen können dabei zusammengeschüttet werden. Messen Sie bitte die Temperatur dabei. Es ist ganz wichtig, dass diese nicht überschritten wird.
Gießen Sie nun langsam unter ständigem Rühren die Fettmasse in die Tinktur ein, bis eine homogene Masse entsteht. Dies kann einige Zeit in Anspruch nehmen, bis alles gut vermischt ist.
Da es sich um eine Creme (wasserhaltige Salbe) handelt, ist diese etwas weicher als eine Salbe. Zum Abfüllen eignen sich am besten kleine Salbendöschen oder -tiegel. Beschriften nicht vergessen! Im Kühlschrank gelagert, hält sich die Creme mehrere Monate bis zu einem Jahr.

Anwendung:
Die Creme kann direkt auf die betroffenen Stellen mehrmals täglich, je nach Bedarf, angewandt werden.

Zitzenpflege

Besonders Muttertiere benötigen dieses Pflegeprodukt.

Zutaten:

2 EL Sheabutter
2 EL Kräuter-Öl, welches mit Olivenöl angesetzt wurde (z. B. Calendula-Öl oder Löwenzahnblüten-Öl)
1 EL Kokosöl (am besten Bio)
1 TL Bienenwachs

Geben Sie alle Zutaten in ein hitzebeständiges Gefäß (z. B. Jena-Glas), welches in ein Wasserbad gestellt wird. Erhitzen Sie das Wasserbad und geben Sie den Behälter mit den Zutaten hinein. Nun rühren Sie das Ganze sanft, bis sich alles gut aufgelöst und vermischt hat. Danach nehmen Sie das Gefäß heraus, lassen den Inhalt etwas abkühlen, bevor Sie ihn portionsweise in kleine Gefäße abfüllen. Die Pflege sollte kühl gelagert werden, so hält sie sich länger. Beschriften nicht vergessen!
Die Zitzenpflege sollte säugenden Hündinnen 2-3 Mal am Tag nach dem Säugen aufgetragen werden, sonst nach Bedarf.

Hautwasser, entzündungshemmend

Dies ist ein Rezept für ein mildes, entzündungshemmendes Hautwasser.
Sie benötigen ein Schraubglas, eine kleine Sprühflasche aus Glas und folgende Zutaten:

100 ml abgekochtes Wasser
50 ml Hamamelis-Wasser
20 ml Schafgarben-Tinktur
20 ml Calendula-Tinktur
20 ml Salbei-Tinktur

Herstellung:
Geben Sie alle Zutaten in ein Glas, schrauben Sie das Glas zu und schütteln es kräftig auf. Danach füllen Sie das Gemisch in eine dunkle Sprühflasche aus Glas.
Das Hautwasser sollte im Kühlschrank gelagert werden und ist mindestens 4-6 Wochen haltbar.

Anwendung:
Vor jeder Anwendung sollte das Gemisch leicht geschüttelt werden.
Das Hautwasser können Sie mehrmals täglich auf die betroffenen Hautstellen sprühen. Es lässt sich vor allem dort gut anwenden, wo man schlecht mit einer Salbe hinkommt, z. B. in Hautfalten.

Achtung! Es sollte nicht in die Augen gesprüht werden!

Deo

Schweißfüße beim Hund sind gar nicht mal so selten. Ein Kräuterbad mit einem Teeaufguss (Minze) kann helfen, reicht das aber nicht, können Sie ein Deo für den Hund selbst herstellen, ganz ohne schädliche Zusätze. Auf keinen Fall darf man herkömmliche Deos beim Hund anwenden. Für den Hund selbst ist der unterschiedlich intensive Geruch der Schweißfüße nicht schlimm, er leidet also nicht darunter. Der Hundebesitzer jedoch empfindet die „Käsefüße“ seines Hundes meist als sehr unangenehm.
Jeder Hund riecht unterschiedlich und auch unterschiedlich intensiv.

Für ein Deo benötigen Sie:
- 1 ca. 200 ml großes Schraubglas
- ca. 5 EL Bartflechte, getrocknet und zerkleinert
- 100 g Natron
- 2-3 Tropfen Pfefferminz-Öl (ätherisches Öl, wirkt kühlend)

Die Zutaten in dem Glas gut miteinander vermischen – fertig. Die Haltbarkeit des Deos ist unbegrenzt; sollte es jedoch einmal feucht geworden sein oder feucht stehen, kann die Haltbarkeit beeinträchtigt werden.

Insekten-Spray

Ein natürliches Parasiten-Abwehrspray für das Fell Ihres Hundes ist sehr schnell herzustellen. Sie benötigen ein Schraubglas, eine kleine Sprühflasche aus Glas, verschiedene ätherische Öle, Wodka und abgekochtes Wasser.

Herstellung:
Geben Sie 100 ml abgekochtes Wasser in das Schraubglas.
Dazu je 10 Tropfen der ätherischen Öle:
  Eukalyptusöl
  Lavendelöl

Citronella
Geraniumöl oder Neemöl
und 20 ml Wodka

Schrauben Sie das Glas zu und schütteln Sie es kräftig auf. Danach füllen Sie das Gemisch in eine dunkle Sprühflasche aus Glas. Vor der Anwendung sollte das Spray jedes Mal leicht geschüttelt werden.

Anwendung:
Je nach Größe des Hundes einige Pumpstöße auf dem Fell verteilen (möglichst ohne Hautkontakt, also nur auf das Fell). Dies kann beliebig oft wiederholt werden, je nachdem, wie lästig die Parasiten (Insekten) sind. Gehen Sie sparsam mit dem Spray um, viel hilft nicht immer viel.
Es gibt auch Hunde, welche das Sprühgeräusch nicht mögen, dann kann man sich das Spray in die Hände sprühen und den Hund damit streicheln, so verteilt sich der Duft ebenfalls auf dem Fell.

Seifen

Naturseifen lassen sich mit wenigen Zutaten relativ einfach herstellen. Natürlich sollte einiges beachtet werden, da man mit Ätznatron arbeitet. Natriumhydroxid, also Ätznatron, wird bei der Herstellung völlig verseift, ist also später ungefährlich für den Hund.
Selbst hergestellte Naturseifen sind nicht nur für den Anwender gesünder, sondern auch für unsere Umwelt. Sie enthalten weder künstliche Tenside, noch Erdölprodukte, geschweige denn andere unnötige Chemikalien. Ich bevorzuge selbst zudem noch vegane und palmölfreie Zutaten. Auch möchte ich auf künstliche Farb- und Konservierungsstoffe verzichten und mit selbst gesammelten Kräutern und/oder ätherischen Ölen, Pflanzenauszügen usw. arbeiten. Wer es farbenfroh mag, kann gerne natürliche Farbstoffe zusetzen.

Oft werde ich gefragt, dass doch Seifen für Hunde gar nicht benötigt würden. Natürlich lässt sich diese Frage mit einem klaren Ja beantworten, aber dennoch sollte man hin und wieder schnell ein Hilfsmittel zur Hand haben, mit dem sich verschmutze Stellen im Fell, an den Pfoten oder am Schwanz abwaschen lassen. Dazu nimmt man die Seife in seine eigenen Hände, wie wenn man sie sich selbst waschen möchte, seift sie gründlich ein, bis es schön cremig ist, und geht dann mit noch etwas Wasser an die betroffenen Stellen am Hund und seift diese ein. Danach mit einem nassen Waschlappen nacharbeiten, bis die Seife wieder „ausgewaschen“ ist. Man braucht also nicht jedes Mal den Hund vollständig zu baden.

Hilfsmittel, welche Sie unbedingt für die Seifenherstellung benötigen:
Schutzkleidung wie Schutzbrille, evtl. Schürze und Gummihandschuhe (Putzhandschuhe), da Sie mit Lauge arbeiten, und Formen für die fertige Seife sollten vorhanden sein. Falls Sie keine Formen haben oder lieber mit Bechern arbeiten wollen, eignen sich ausgewaschene Joghurt- oder Sahnebecher ebenso gut. Alles andere wie Feinwaage (1-Gramm-genau), Schneebesen, Kochlöffel, Töpfe, Schüsseln, Stabmixer, Edelstahlsieb, Gummispatel, Plastiklöffel und Zeitungspapier ist meist in allen Haushalten vorhanden.

Materialien, welche benötigt werden:
Natriumhydroxid, Ätznatron oder auch als NaOH bekannt, ist unbedingt erforderlich, da die Fette nur so in Seife umgewandelt werden können. Kaliumhydroxid eignet sich eher, um Schmierseife herzustellen.
Wasser oder Tee (ich bevorzuge Tee, die Wirkungsweisen der einzelnen Kräuter, welche für Hunde in Frage kommen können, erfahren Sie in meinem Buch „Kräutertees für Hunde“).
Öle und Fette
Ätherische Öle
Kräuter, Blüten, Salz, Obst und Gemüse können ebenfalls, je nach Rezept, verwendet werden.

Bitte halten Sie sich genau an das Rezept, was gegebenenfalls ausgetauscht werden kann, steht jeweils mit dabei.

In diesem Buch möchte ich nur mit der Verseifung auf das Kaltverfahren eingehen.
Die jeweils zusammengesetzten Zutaten benötigen eine bestimmte Menge an NaOH, um vollständig verseift werden zu können. Dies ist ein chemischer Prozess und es entsteht Seife und Glyzerin.
Ziehen Sie nicht unbedingt Ihre besten Kleidungsstücke bei der Herstellung Ihrer Seife an. Wichtig ist, sich genau an die Mengenangaben zu halten und zu überprüfen, ob Ihre Waage 1-Gramm-genau misst.

Vorsicht! Wenn Sie die Seifen im Haus anrühren, bitte Haustiere aus dem Raum verbannen und den Arbeitsplatz mit Zeitungspapier auslegen. Ich gehe gerne dabei raus in den Garten und erwärme lediglich nur die Fette im Haus.

Sollten Sie trotz aller Schutzmaßnahmen NaOH auf die Haut bekommen haben, so spülen Sie die Stelle sofort gründlich mit Wasser! Bei Verätzungen der Schleimhaut oder stärkeren Hautverätzungen bitte sofort einen Arzt aufsuchen!

Vorgehensweise:
Ziehen Sie die Schutzkleidung an und wiegen Sie alle Zutaten ab. Der Tee sollte vorher gekocht worden und abgekühlt sein. Verwenden Sie, wenn möglich, für den Tee gefiltertes Wasser.
Gießen Sie das NaOH langsam, unter vorsichtigem Rühren mit einem Schneebesen in die Flüssigkeit (Wasser oder Tee). Niemals umgekehrt, also niemals Flüssigkeit in das NaOH! Durch die chemische Reaktion entsteht Hitze und es können sich Dämpfe bilden, welche toxisch sind, also bitte diese auch **nicht einatmen**!
Die festen Fette erwärmen Sie in einem Topf bei ca. 45-50 Grad, ich verwende dazu meinen Thermomix. Sie können die Fette aber auch in einem Wasserbad erhitzen. Dazu erwärmen Sie Wasser in einem Kochtopf, geben die Fette in eine Hitzebeständige Schüssel und stellen diese in das Wasser. Nachdem die festen Fette geschmolzen sind, geben Sie die flüssigen Fette hinzu.
Bevor nun die NaOH-Lösung in die Öle und Fette gerührt werden, sollten diese ungefähr die gleiche Temperatur von ca. 35-40 Grad haben. Rühren Sie die NaOH-Lösung mit einem Schneebesen in die Öle und Fette zügig ein und gießen das Ganze durch ein Edelstahlsieb in eine weitere Schüssel. Danach bringen Sie das Ganze mit einem Mixstab zum Andicken, so entsteht Seifenschleim. Nun können, je nach Rezept, die ätherischen Öle oder Kräuter, püriertes Obst oder Gemüse untergemischt werden. Mixen Sie das Ganze noch einmal gut durch, jedoch ohne dass Luftblasen entstehen, und gießen Sie es in die vorher bereit gestellte/n Form/en.
Eine Gelphase könnte entstehen, muss sie jedoch nicht. Bei der Gelphase wird die Seife oft dunkler, das bedeutet, dass die Seife während der Reifephase ihre Farbe verändert. Ohne Gelphase bleibt die Seife also heller,

benötigt jedoch länger, bis sie aushärtet. Haben Sie etwas Geduld, je nach Zutaten kann es 6 Wochen und länger dauern, bis die Seife richtig gereift ist.
Möchte man die Seife in Stücke schneiden ist dies meist am besten am zweiten Tag nach der Herstellung möglich. Seifen mit einem hohen Anteil an Ölen lieber 4-6 Tage reifen lassen, bevor sie geschnitten werden. Salzseifen sollten in kleine Formen gegossen werden. Tipp: mit einem Käsemesser lässt sich die Seife gut schneiden, es muss also nicht gleich ein Seifenschneider sein. Nach dem Schneiden legen Sie die Seifen an einen luftigen, dunklen und kühlen Ort, damit sie weiter reifen können. Das restliche Wasser in den Seifen verdunstet und dabei sinkt der pH-Wert, so wird die Seife hautverträglich.
Nachdem die Seife nun mindestens 6 Wochen geruht hat, können Sie diese verpacken, es eignet sich hierfür eine Kartonage, ein Stoffbeutel oder Papiertüten. Wichtig dabei ist, dass die Seife weiter „atmen" kann. Vor der Verpackung können Sie den pH-Wert messen, dieser sollte zwischen 8 und 10 liegen. Liegt der pH-Wert höher, ist Ihre Seife noch nicht reif und muss noch etwas länger ruhen, bevor sie zur Anwendung kommen kann.

Lesen Sie sich bitte die Vorgehensweise vor jeder Herstellung noch einmal gründlich durch. In den Rezepten wird es nur noch einmal grob beschrieben.

Gurken-Seife

Zutaten:

240 g Babassuöl
240 g Olivenöl
160 g Sonnenblumenöl
120 g Distelöl

40 g Jojobaöl
265 g Gurkenpüree
106 g NaOH
5 ml Zitronen- oder Rosenblütenöl

Wiegen Sie die Gurke ab und pürieren diese, es sollte ein flüssiges Gurkenpüree entstehen.
Schutzkleidung anziehen und Zutaten abwiegen.
Lauge ansetzen, dazu geben Sie 106 g (!) langsam unter Rühren in das Gurkenpüree (wie unter Vorgehensweise beschrieben).
Babassuöl schmelzen, Öle (bis auf das Jojobaöl) dazu geben. Rühren Sie die NaOH-Lösung mit einem Schneebesen in die Öle und Fette zügig ein. Danach bringen Sie das Ganze mit einem Mixstab zum Andicken. Nun kann das ätherische Öl und das Jojobaöl untergemischt werden. Mixen Sie alles noch einmal gut durch, jedoch ohne dass Luftblasen entstehen, und gießen Sie es in die vorher bereit gestellte/n Form/en.

Kamillen-Seife

Zutaten:
240 g Kokosöl (am besten Bio)
240 g Rapsöl
160 g Sonnenblumenöl
160 g Distelöl
240 g Kamillentee
98 g NaOH
2 EL Kamillenblüten *(optional)*

Wer Kamillenblüten mit in die Seife einarbeiten möchte, sollte diese vorher für mindestens 2 Stunden in Sonnenblumenöl einlegen, welches von den 160 g entnommen wird. Geben Sie die einzelnen Blüten in eine Tasse

oder ein Glas und geben Sie ca. 60 ml Sonnenblumenöl dazu, sodass die Blüten mit Öl bedeckt sind. Achtung bei der Seifenherstellung! 160 g minus 60 g ergeben dann nur noch 100 g Sonnenblumenöl.
Setzen Sie den Kamillenblütentee an und lassen diesen erkalten.
Schutzkleidung anziehen und Zutaten abwiegen.
Lauge ansetzen, dazu geben Sie 98 g (!) langsam unter Rühren in den Tee (wie unter Vorgehensweise beschrieben).
Kokosöl schmelzen, Öle dazu geben. Rühren Sie die NaOH-Lösung mit einem Schneebesen in die Öle und Fette zügig ein und gießen dies durch ein Edelstahlsieb in eine weitere Schüssel. Danach bringen Sie das Ganze mit einem Mixstab zum Andicken. Nun können die in Öl eingelegten Kamillenblüten untergemischt werden. Rühren Sie alles noch einmal gut durch, jedoch ohne dass Luftblasen entstehen, und gießen Sie es in die vorher bereit gestellte/n Form/en.

Lavendel-Seife

Zutaten:

150 g Kokosöl (am besten Bio)
300 g Olivenöl
100 g Rapsöl
50 g Sonnenblumenöl
200 g Lavendelblütentee
82 g NaOH
10 g ätherisches Lavendelblütenöl
2 EL Lavendelblüten *(optional)*

Wer Lavendelblüten mit in die Seife einarbeiten möchte, sollte diese vorher für mindestens zwei Stunden in Olivenöl einlegen, welches von den angegebenen 300 g entnommen wird. Geben Sie die einzelnen Blüten in eine Tasse oder ein Glas und geben Sie ca. 60 ml Olivenöl dazu, sodass die Blüten mit Öl bedeckt sind. Achtung bei der Seifenherstellung! 300 g minus 60 g ergeben dann nur noch 240 g Olivenöl.

Setzen Sie den Lavendelblütentee an und lassen diesen erkalten.

Schutzkleidung anziehen und Zutaten abwiegen.

Lauge ansetzen, dazu geben Sie 82 g (!) langsam unter Rühren in den Tee (wie unter Vorgehensweise beschrieben).

Kokosöl schmelzen, Öle dazu geben. Rühren Sie die NaOH-Lösung mit einem Schneebesen in die Öle und Fette zügig ein und gießen dies durch ein Edelstahlsieb in eine weitere Schüssel. Danach bringen Sie das Ganze mit einem Mixstab zum Andicken. Nun können das ätherische Öl und die in Öl eingelegten Lavendelblüten untergemischt werden. Rühren Sie alles noch einmal gut durch, jedoch ohne dass Luftblasen entstehen, und gießen es in die vorher bereit gestellte/n Form/en.

Löwenzahnblüten-Seife

Zutaten:

155 g Babassuöl
80 g Sheabutter
90 g Rhizinusöl
65 g Löwenzahnblüten-Öl (siehe Herstellung im Buch)
50 g Schwarzkümmelöl
165 g Löwenzahnblüten-Tee
65 g NaOH
10 g ätherisches Öl, z. B. Rosenblütenöl oder andere ätherische Blütenöle

Schutzkleidung anziehen und Zutaten abwiegen.
Lauge ansetzen, dazu geben Sie 65 g (!) langsam unter Rühren in den Tee (wie unter Vorgehensweise beschrieben).
Babassuöl und Sheabutter schmelzen, Öle (bis auf das Schwarzkümmelöl) dazu geben. Rühren Sie die NaOH-Lösung mit einem Schneebesen in die Öle und Fette zügig ein und gießen dies durch ein Edelstahlsieb in eine weitere Schüssel. Danach bringen Sie das Ganze mit einem Mixstab zum Andicken. Nun können das ätherische Öl und das Schwarzkümmelöl untergemischt werden. Mixen Sie alles noch einmal gut durch, jedoch ohne dass Luftblasen entstehen, und gießen es in die vorher bereit gestellte/n Form/en.

Melissen-Seife

Zutaten:

160 g Babassuöl
320 g Rapsöl
280 g Melissen-Öl (siehe Herstellung im Buch)

40 g Schwarzkümmelöl
265 g Zitronenmelissentee
105 g NaHO
10 g ätherische Zitronenmelisse

Kochen Sie zuerst den Zitronenmelissentee. Nun ziehen Sie die Schutzkleidung an und wiegen die Zutaten ab. Als nächstes wird die Lauge angesetzt, dazu geben Sie 105 g (!) langsam unter Rühren in den Tee (wie unter Vorgehensweise beschrieben).
Babassuöl schmelzen und Öle (bis auf das Schwarzkümmelöl) dazu geben. Rühren Sie die NaOH-Lösung mit einem Schneebesen in die Öle und Fette zügig ein und gießen Sie dies durch ein Edelstahlsieb in eine weitere Schüssel. Danach bringen Sie das Ganze mit einem Mixstab zum Andicken. Nun können das ätherische Öl und das Schwarzkümmelöl untergemischt werden. Mixen Sie alles noch einmal gut durch, jedoch ohne dass Luftblasen entstehen, und gießen es in die vorher bereit gestellte/n Form/en.

Anstelle der Melisse können Sie die Seife auch mit Pfefferminz herstellen. Dazu tauschen Sie den Zitronenmelissentee mit Pfefferminztee aus. Ebenso werden das Melissen-Öl mit Minz-Öl, welches in der Herstellung ebenfalls in diesem Buch beschrieben wird, sowie das ätherische Zitronenmelissenöl mit ätherischem Pfefferminzöl ausgetauscht.

Ringelblumen-Seife

Zutaten:
200 g Kokosfell
300 g Olivenöl
100 g Rapsöl
180 g Ringelblumenblütentee

78 g NaOH
2 EL Ringelblumenblüten *(optional)*
15 g ätherisches Öl, wie z. B. Orangenöl, Zitronenöl oder Mandarinenöl

Kochen Sie zuerst den Ringelblumenblütentee. Ziehen Sie die Schutzkleidung an und wiegen Sie die Zutaten ab. Als nächstes setzen Sie die Lauge an, dazu geben Sie 78 g (!) langsam unter Rühren in den Tee (wie unter Vorgehensweise beschrieben). Kochen Sie zuerst den Ringelblumenblütentee und lassen ihn abkühlen.
Anschließend lassen Sie das Kokosöl schmelzen und geben dann die Öle dazu. Rühren Sie die NaOH Lösung mit einem Schneebesen in die Öl- und Fett-Mischung zügig ein und gießen das Ganze durch ein Edelstahlsieb in eine weitere Schüssel. Danach bringen Sie die Masse mit einem Mixstab zum Andicken. Nun kann das ätherische Öl untergemischt werden. Rühren Sie das Ganze noch einmal gut durch, jedoch ohne dass Luftblasen entstehen, und gießen Sie es in die vorher bereit gestellten Formen.

Rosmarin-Seife

Zutaten:
200 g Kokosöl (am besten Bio)
200 g Olivenöl
200 g Rapsöl
170 g Rosmarintee
79 g NaOH
1 EL Rosmarinpulver
5 ml ätherisches Zitronenöl

Kochen Sie zuerst den Tee und lassen Sie ihn abkühlen. Ziehen Sie die Schutzkleidung an und wiegen Sie die Zutaten ab. Anschließend setzen Sie die Lauge an, dazu geben Sie 79 g (!) langsam unter Rühren in den Tee (wie unter Vorgehensweise beschrieben).
Kokosöl schmelzen, Öle dazu geben. Rühren Sie die NaOH-Lösung mit einem Schneebesen in die Öle und Fette zügig ein und gießen dies durch ein Edelstahlsieb in eine weitere Schüssel. Danach bringen Sie das Ganze mit einem Mixstab zum Andicken. Nun können das ätherische Öl und Kräuter untergemischt werden. Mixen Sie alles noch einmal gut durch, jedoch ohne dass Luftblasen entstehen, und gießen es in die vorher bereit gestellte/n Form/en.
Alternativ kann anstelle von Rosmarinpulver und Rosmarintee auch Salbeipulver und Salbeitee verwendet werden.

Sole-Seife

Zutaten:

180 g Kokosöl (am besten Bio)
100 g Sheabutter
250 g Olivenöl
70 g Rhizinusöl
200 g Wasser (gefiltertes oder destilliertes)
74 g NaOH (15 % Rückfettung)
40 g Salz (Meer-, Berg- oder Himalayasalz)

Das gefilterte Wasser erhitzen und das Salz darin komplett auflösen und abkühlen lassen. Wer mag, kann das Salzwasser noch einmal durch ein Sieb geben, um ungelöste Teile abzufiltern.
Ziehen Sie die Schutzkleidung an und wiegen Sie die Zutaten ab.
Als nächstes wird die Lauge angesetzt, dazu geben Sie 74 g (!) langsam unter Rühren in das Salzwasser (wie unter Vorgehensweise beschrieben).
Kokosöl und Sheabutter schmelzen, Öle dazu geben. Rühren Sie die NaOH-Lösung mit einem Schneebesen in die Öle und Fette zügig ein und gießen dies durch ein Edelstahlsieb in eine weitere Schüssel. Danach bringen Sie das Ganze mit einem Mixstab zum Andicken. Zum Schluss gießen Sie die Seife in die vorher bereit gestellten Formen (kleine Formen verwenden).

Seifenpulver mit Lindenblättern und -blüten

Dieses Seifenpulver ist eine Alternative, wenn man eine Seife ohne Natriumhydroxid herstellen möchte, oder aber eine schnelle Alternative zu festen Seifen sucht.
Die Linde enthält, wie viele andere Baumarten, Saponine, diese lösen Fett- und Schmutzpartikel, indem sie die Oberflächenspannung von Flüs-

sigkeiten herabsetzen, so werden diese in Wasser gelöst. Es entsteht beim Schütteln ein seifenartiger Schaum (siehe auch unter Waschmittel). Sollte Ihr Hund unter Allergien leiden, brauchen Sie bei Saponinen keine Bedenken zu haben, denn allergische Reaktionen sind nicht bekannt. Weiterhin sind hautberuhigende Flavonoide und Schleimstoffe enthalten, die in Verbindung mit Wasser quellen und der Haut Feuchtigkeit spenden.
Bei der Verwendung mit Lavaerde möchte ich erwähnen, dass diese nur überschüssiges Fett löst, also die Haut nicht austrocknet, das Fell wird weich und geschmeidig und bekommt einen tollen Glanz. Lavaerde enthält zudem eine Menge Mineralstoffe, über die sich die Haut freut, und sie schäumt nicht. Das Kokosmilchpulver versorgt die Haut mit Feuchtigkeit und ist u. a. gut geeignet bei trockenem und sprödem Fell.
Diese Mischung ist nicht nur reinigend, sondern auch pflegend, also auch für sensible Haut geeignet.

Zutaten:

Zu gleichen Teilen getrocknete Lindenblütenblätter und -blüten, also
15 g Lindenblätter
15 g Lindenblüten
250 g Lavaerde
130 g Kokosmilchpulver

Zubereitung:
Zuerst werden die Lindenblüten und -blätter mit einem Mixer pulverisiert. Diesen Vorgang machen sie so lange, bis Sie ein ganz feines Pulver haben. Füllen Sie das Pulver in ein geeignetes Glas, welches groß genug ist und gut verschlossen werden kann. Wiegen Sie die Lavaerde und das Kokosmilchpulver ab und geben Sie es ebenfalls in das Glas. Nun schütteln Sie das Glas gut durch, bis alles gleichmäßig vermischt ist.

Anwendung:
Geben Sie eine Prise Seifenpulver auf das zuvor befeuchtete Fell und massieren Sie es sanft ein. Anschließend spülen Sie es mit Wasser wieder aus.

Shampoo

Eigentlich müssen Sie einen Hund gar nicht baden oder waschen. Tiere übernehmen ihre Fellpflege zum großen Teil allein und brauchen Ihre Unterstützung nur in speziellen Situationen, also nur wenn es unbedingt nötig ist. Solche Situationen wären die folgenden: Bei einem Parasitenbefall sollten Sie Ihren Hund waschen, aber auch, wenn er sich zum Beispiel im Kot anderer Tiere gewälzt hat, um die Übertragung der Keime, wie z. B. Bakterien oder andere Krankheitserreger abzuwaschen, um somit Ihren Hund vor Krankheiten zu schützen. Auch wenn er einmal in Schlamm oder in anderen undefinierbaren Dingen gebadet hat, die entweder unangenehm riechen oder von Krankheitserregern befallen sein können.
Kommt es nun zu so einer Situation, haben Sie die Möglichkeit, das Shampoo für Ihren Liebling selber herzustellen. So wissen Sie nicht nur, was darin enthalten ist, sondern können beliebig variieren, was Ihnen und dem Hund am besten gefällt und gut tut.

Brennnessel-Shampoo

Das Shampoo hilft bei fettigem Fell, schuppiger Haut, fördert die Durchblutung und regt den Stoffwechsel des Haarbodens an. Es kann aber auch einfach als normales Shampoo angewendet werden, also wenn keine Symptome vorhanden sind.
Die Herstellung dieses Shampoos geschieht in zwei Schritten. Zuerst wird die Seifenlauge hergestellt.

Zutaten für die Seifenlauge:

250 ml Wasser

15 g Kernseife oder Aleppo-Seife*

Reiben Sie die Kern- oder Aleppo-Seife mit einer haushaltsüblichen Küchenreibe in feine Flocken. Sollten Sie sich Seifenflocken besorgt haben, erübrigt sich dieser Schritt. Erwärmen Sie das Wasser und geben Sie unter Rühren die Seifenflocken hinzu. Rühren Sie so lange, bis sich die Seifenflocken vollständig aufgelöst haben.

Für den zweiten Schritt benötigen Sie folgende Zutaten:

100 ml Seifenlauge
100 g Brennnesselblätter
100 ml Wasser

Wenn Sie eine größere Menge herstellen möchten, verdoppeln Sie einfach die Zutaten. Wichtig dabei ist, dass die 3 Zutaten immer zu gleichen Teilen bestehen.
Schneiden Sie die Brennnesseln klein, geben Sie diese in einen Topf und schütten das Wasser darüber. Dann lassen Sie das Ganze kurz aufkochen, nehmen es vom Herd und lassen es über Nacht ziehen.
Am nächsten Tag geben Sie den Brennnesselsud durch einen Sieb (Haarsieb) und mischen die Seifenlauge darunter. Rühren Sie das ganze gründlich um und füllen Sie das fertige Shampoo in saubere Flaschen.

* Aleppo-Seife ist eine Seife aus rein pflanzlichem Öl, nämlich Olivenöl und Lorbeeröl. Sie enthält keine synthetischen Stoffe.

Kamillen-Shampoo

Dieses Shampoo ist besonders gut geeignet für helles Fell, es wirkt leicht aufhellend, glänzend und ist gut für die Haut.

Zutaten:

25 g getrocknete Kamillenblüten
375 ml Wasser
15 ml Castile (bzw. Kastilien) Seife
25 ml Kamillen-Tinktur

Stellen Sie zuerst einen Kamillenblüten-Teeaufguss her. Übergießen Sie die getrockneten Kamillenblüten mit 125 ml kochendem Wasser und lassen dies 15 Minuten lang ziehen, bevor Sie es abseihen. Die restlichen 200 ml Wasser werden nun ebenfalls in einem Topf zum Kochen ge-

bracht und langsam die Castile Seife eingerührt, bis alles gut vermischt ist. Nehmen Sie den Topf vom Herd, damit er auf etwa 40 Grad abkühlen kann. Dann geben Sie unter weiterem Rühren den Tee hinzu und zum Schluss die 25 ml Kamillenblüten-Tinktur.
Füllen Sie nun das Shampoo in eine Flasche, welche gut verschlossen werden kann, und schütteln Sie es vor Gebrauch durch.

Kokosmilch-Kräuter-Shampoo

Das Shampoo wirkt pflegend, und je nachdem, welche Kräuteressenz zugefügt wird, kann man die weitere Wirkung beeinflussen.

Zutaten:

80 ml Castile (bzw. Kastilien) Seife
1 TL Oliven- oder Mandelöl
360 ml Kokosmilch
2 EL Honig
350 ml Wasser
25 ml Kräuter-Tinktur nach Wahl (z. B. aus Rosmarin, Oregano, Thymian, Lavendelblüten, Ringelblumenblüten u. v. a. m.)

Lösen Sie den Honig in dem Wasser auf. Dazu erhitzen Sie das Wasser und geben den Honig hinein. Wenn dieser sich aufgelöst hat, nehmen Sie den Topf vom Herd (nicht kochen lassen!). Nun lassen Sie das Ganze etwas abkühlen und geben die Kokosmilch und das Öl hinzu. Weiter sanft rühren, bis sich alles gut vermischt hat. Zum Schluss geben Sie die ausgewählte Tinktur hinzu.
Füllen Sie nun das Shampoo in eine Flasche, welche gut verschlossen werden kann, und schütteln Sie diese vor Gebrauch vorsichtig durch.

Kräuterpulver

Diese Mischung ist vor allem für langhaarige Hunde geeignet.

Das Pulver können Sie relativ schnell herstellen, Sie benötigen nur:

- 5 EL Hafermehl
- 1 EL isländisch Moos
- 1 EL getrocknete Lindenblüten

Die Zutaten werden fein gemahlen und gut vermischt. Vor der Anwendung wird das Pulver mit etwas Honig (optional) und Wasser zu einem Brei verrührt. Dieses sollte nun für mindestens eine Stunde ruhen.
Das Shampoo wird nun in das nasse Fell und die Haut eingeknetet und danach gut ausgespült.

Lavendel-Shampoo

Das Shampoo ist für jedes Fell geeignet, wirkt erfrischend, durchblutungsfördernd, regt die Talgdrüsentätigkeit an und sorgt für einen herrlichen Glanz auf dem Fell.

Zutaten:

- 25 g getrocknete Lavendelblüten
- 350 ml Wasser
- 15 ml Bio Castile (bzw. Kastilien) Seife
- 25 ml Lavendelblüten-Tinktur

Stellen Sie zuerst einen Lavendelblüten-Teeaufguss her. Übergießen Sie dafür die 25 g Lavendelblüten mit 150 ml kochendem Wasser und lassen Sie das Ganze 15 Minuten ziehen, abschließend seihen Sie die Blüten ab. Die restlichen 200 ml Wasser werden nun ebenfalls in einem Topf zum

Kochen gebracht und langsam die Castile Seife eingerührt, bis alles gut vermischt ist. Nehmen Sie den Topf vom Herd, damit er auf etwa 40 Grad abkühlen kann. Dann geben Sie unter weiterem Rühren den Tee hinzu und zum Schluss die 25 ml Lavendelblüten-Tinktur.
Füllen Sie nun das Shampoo in eine Flasche, welche gut verschlossen werden kann, und schütteln Sie es vor Gebrauch durch.

Pfefferminz-Shampoo

Das Shampoo hilft bei Juckreiz, wirkt kühlend, beruhigend und fördert den Talgabfluss.

Zutaten:

20 g getrocknete Pfefferminzblätter
375 ml Wasser
25 ml Castile (bzw. Kastilien) Seife
30 ml Minz-Tinktur

Stellen Sie zuerst einen Pfefferminz-Teeaufguss her. Übergießen Sie dafür die 20 g Pfefferminzblätter mit 125 ml kochendem Wasser und lassen Sie das Ganze 15 Minuten ziehen, abschließend seihen Sie die Blätter ab. Die restlichen 250 ml Wasser werden nun ebenfalls in einem Topf zum Kochen gebracht und langsam die Castile Seife eingerührt, bis alles gut vermischt ist. Nehmen Sie den Topf vom Herd, damit er auf etwa 40 Grad abkühlen kann. Dann geben Sie unter weiterem Rühren den Tee hinzu und zum Schluss die 25 ml Kamillenblüten-Tinktur.
Füllen Sie nun das Shampoo in eine Flasche, welche gut verschlossen werden kann, und schütteln Sie es vor Gebrauch durch.

Shampoo gegen Parasiten

Dieses Shampoo eignet sich bei Parasitenbefall.

Zutaten:

20 g getrockneter Rosmarin
5 g getrocknetes Zitronengras
375 ml Wasser
15 g Kokosöl (am besten Bio)
25 ml Rosmarintinktur
15 Tropfen Neemöl (im Handel erhältlich)

Der getrocknete Rosmarin und das Zitronengras werden mit 125 ml kochendem Wasser übergossen und 15 Minuten ziehen gelassen, bevor dies abgeseiht wird. Die restlichen 250 ml Wasser werden nun in einem Topf zum Kochen gebracht und das Kokosöl unter Rühren darin aufgelöst. Wenn sich das Öl mit dem Wasser vermischt hat, nehmen Sie den Topf vom Herd und lassen es auf ca. 40 Grad abkühlen. Danach vermischen Sie das Neemöl mit der Rosmarin-Tinktur. Nun fügen Sie unter Rühren alles zusammen. Anschließend wird das Ganze in eine Flasche abgefüllt und nochmals vorsichtig geschüttelt (geschwenkt).
Vor jeder Anwendung bitte schütteln. Das Shampoo sollte 5 bis 10 Minuten einwirken, bevor es wieder gründlich ausgespült wird. Sollten Sie Ihren Hund mit dem Shampoo baden, achten Sie drauf, dass nach dem gründlichen Spülen mit klarem Wasser noch eine Haarspülung mit Apfelessig folgen sollte, um alle Rückstände aus dem Haar zu entfernen. Dazu gibt man zwei Esslöffel Apfelessig in einen Liter lauwarmes Wasser. Dieses langsam über den Hund gießen.

Wie badet man seinen Hund am besten?

Zuerst mischen Sie in einem großen Messbecher etwas Shampoo mit warmem Wasser und verrühren dieses gut. Legen Sie ein großes Badehandtuch bereit, je nach Größe des Hundes auch zwei Badetücher. Danach setzen Sie den Hund in die Badewanne oder Duschwanne (mit rutschfester Matte). Beginnen Sie mit der Brause mit warmem Wasser zuerst an den Füßen, dann an den Beinen, nach oben bis hoch zum Körper, bis er nass ist. Ist Ihr Hund gut nass, kippen Sie langsam das Shampoo-Wassergemisch über den Rücken entlang der Wirbelsäule und massieren alles gut ein. Mit dieser Methode verhindern Sie, dass nicht nur eine Stelle das Shampoo abbekommt und so sparen Sie auch Shampoo.

Achten Sie bitte darauf, dass das Shampoo nicht in die Augen oder Ohren kommt. Sollte das dennoch einmal passieren, eventuell durch ein ungestümes Verhalten Ihres Lieblings, brausen Sie die Stelle mit einem sanften Wasserstrahl aus der Brause ab.
Lassen Sie das Shampoo etwa ein bis zwei Minuten einwirken, bei der Verwendung eines Parasiten-Shampoos für 5 bis 10 Minuten. Nach dem Einwirken des Shampoos wird dieses gründlich mit der Brause ausgewaschen.
Nachdem der Hund gebadet ist, sollte er gut abgetrocknet werden. Nach der „Dusche" wird er sich sicherlich schütteln, Sie sollten also immer gleich ein Handtuch parat haben.
Wie oft Sie Ihren Hund waschen müssen, kommt auf die jeweilige Situation an. Bei Parasitenbefall sollte Ihr Hund regelmäßig gewaschen werden, bis keine Parasiten mehr zu sehen sind.

Zahnpasta für Hunde

Dem Hund die Zähne putzen? Ja, für die Maulhygiene, zur Pflege der Zähne und um der Bildung von Zahnstein vorzubeugen, sollten Sie Ihrem Hund die Zähne putzen.

Wenn Sie Ihrem Hund noch nie die Zähne geputzt haben, sollten Sie ihn langsam an die Zahnbürste und die Zahnpasta gewöhnen. Lassen Sie ihn an der Zahnbürste riechen, gerne auch daran lecken, damit er die Borsten kennenlernt, aber ihn auf keinen Fall hineinbeißen lassen. Dann geben Sie sich etwas Zahnpasta auf die Finger und lassen ihn diese ablecken, oder reiben Sie die Zahnpasta mit dem Finger auf die Zähne Ihres Hundes, so gewöhnt er sich an den Geschmack. Immer natürlich mit positiv animierender Stimme.

Zahnpasta lässt sich auch für Hunde leicht selbst herstellen, und so weiß man auch, was darin enthalten ist. Übrigens können sich gerne Herrchen und Frauchen ebenfalls damit die Zähne putzen.

Zahnpasta

Zutaten:

- 4 gestrichene EL Bentonit
- ¼ TL Himalaya- oder Bergsalz
- ¼ TL Aktivkohle
- Etwas Wasser (ca. 5 EL)
- 2 EL Minz-Öl (kein ätherisches Öl !)

Ich verwende zur Herstellung gerne ein Einmachglas, ein gründlich ausgespültes Gurkenglas oder ein ähnliches Glas, welches man gut verschließen kann, eignet sich gut für die Herstellung.

Füllen Sie alle Zutaten, bis auf das Wasser, in das Glas und verrühren Sie es so lange, bis alles gleichmäßig verteilt ist. Dann geben Sie Esslöffelweise das Wasser unter Rühren hinzu, bis die gewünschte Konsistenz erreicht ist. Sollten noch Klümpchen vorhanden sein, hilft auch ein Stabmixer.
Putzen Sie nun die Zähne Ihres Hundes, wie mit einer gekauften Zahnpasta für Hunde.

Zahnpasta, remineralisierend

Zutaten:

1 EL Kieselgur
5 EL Kalziumpulver (gerne auch Eierschalenpulver)
3 EL Kokosöl (am besten Bio)
2-3 EL Ackerschachtelhalm-Öl

Geben Sie das Pulver in ein Schraub- oder Einmachglas und mischen Sie es gut durch. Erwärmen Sie das Kokosöl, bis es flüssig geworden ist, und geben Sie es unter Rühren hinzu. Nun geben Sie ebenfalls unter Rühren das Ackerschachtelhalm-Öl nach und nach hinzu, bis die gewünschte Konsistenz erreicht ist.

Kurkuma-Zahnpasta

Dies ist ein schnelles Rezept mit nur zwei Zutaten:

½ TL Kurkuma (Pulver)
¼ TL Kokosöl (geschmolzen)

Die beiden Zutaten werden in einem Glas gut vermischt und schon kann es los gehen.

Geben Sie von der Zahnpasta etwas auf die Zahnbürste und putzen Sie wie gewohnt die Zähne Ihres Hundes. Aber Vorsicht, das Pulver färbt ab, also wischen Sie, falls etwas danebengehen sollte, dies sofort mit einem Lappen weg.

Isländisch-Moos-Zahnpasta

Zutaten:

15 g Heilerde
10 g isländisches Moos-Gel
1 TL Minz-Öl (kein ätherisches Öl !)

Zuerst müssen Sie das Isländisch-Moos-Gel herstellen. Dazu werden 5 g Moos mit 100 ml Wasser übergossen und über Nacht angesetzt. Am nächsten Tag lassen Sie es aufkochen und für wenige Minuten köcheln. Nun wird das Ganze durch ein Haarsieb gefiltert. Der Rückstand kann übrigens mehrfach verwendet werden. Je öfter Sie dies „auskochen“, umso dünner wird das Gel, aber auch milder im Geschmack.
Geben Sie nun die Heilerde in eine kleine Schüssel und rühren das Gel und das Minz-Öl unter. Füllen Sie die fertige Zahnpasta in ein Schraubglas um. Stellen Sie es in den Kühlschrank. Für das Zähneputzen sollten Sie aber die Zahnpasta vorher auf Zimmertemperatur aufwärmen.
Die Zahnpasta sollte innerhalb einer Woche aufgebraucht sein.

Wer mag, kann das Maul nach dem Zähneputzen auch noch mit einem Minztee spülen.
Nicht jeder Hund mag es, die Zähne geputzt zu bekommen, und auch hier gibt es Unterschiede, was den Geschmack betrifft. Finden Sie einfach heraus, welches der vier Rezepte am besten bei Ihrem Liebling ankommt und gewöhnen Sie ihn langsam daran, wie oben beschrieben, falls er es noch nicht kennen sollte.

Eine weiche Zahnbüste schützt das Zahnfleisch.

Wasch- und Spülmittel

Waschmittel

Ihr Hund weist eine Allergie oder Unverträglichkeit auf Waschmittel auf? Sie müssen aber die Hundedecke waschen oder die Handtücher, mit denen Sie Ihren Hund abtrocknen wollen?
Sie können das Waschmittel selbst herstellen, ohne viel Geld, ja sogar fast umsonst.
Was Sie dazu benötigen, sind einfach nur Holzasche aus dem Kamin und Wasser. Sie haben keinen Kamin? Dann fragen Sie Freunde, Nachbarn oder andere Hundebesitzer ... Es gibt viele Möglichkeiten, vielleicht haben Sie einen Holzgrill? Eine Lagerfeuerstelle?
Wiegen Sie ca. 50 g Asche vom Kamin ab und sieben Sie diese in ein ausreichend großes Glas. Nun gießen Sie einen Liter Wasser hinzu und lassen das Ganze für mindestens 12 Stunden ruhen, am besten über Nacht. Am nächsten Tag schütteln Sie das Glas etwas auf und sieben die Masse durch einen Haarsieb. Fertig ist das Waschmittel, welches sich bis zu einer Woche im Kühlschrank hält.
Die Menge des Waschmittels hängt davon ab, wie voll die Waschmaschine ist. Für eine volle Ladung benötigen Sie ca. 4 Gläser.
Asche wird in der Naturheilkunde wegen ihrer entzündungshemmenden und desinfizierenden Eigenschaften sogar als Wundheilmittel und zur Zahnreinigung eingesetzt.

Ein weiteres Waschmittel, welches Sie selbst für wenig Geld herstellen können, ist eines mit Rosskastanien. Die Kastanien enthalten Saponine und diese sorgen auch für die Schaumbildung. Rosskastanien werden im Herbst gesammelt, es werden ca. 7 bis 10 Kastanien für einen Waschgang benötigt. Die benötigten Kastanien werden geviertelt und ebenfalls über

Nacht mit Wasser bedeckt ruhen gelassen. Am nächsten Tag sollte die Flüssigkeit milchig aussehen. Sieben Sie den Sud durch ein grobes Sieb ab – fertig. Das Waschmittel wird wie flüssiges Waschmittel verwendet und hält sich ebenfalls für eine Woche im Kühlschrank. Der Vorteil dieses Waschmittels ist, dass die Wäsche schön weich wird. Nachteilig ist, dass schwierige Flecken wie z. B. Gras- oder Tomatenflecken nicht ganz verschwinden. Das Wasser wird beim Waschen in der Maschine nicht enthärtet, darum sollten Sie die Maschine, wenn Sie ausschließlich auf diese Weise waschen möchten, entweder entkalken oder Sie geben bei jedem Waschgang etwas (ca. 50 ml) Apfelessig hinzu.

Haben Sie vergessen, das Waschmittel anzusetzen? Kein Problem, die schnelle Herstellvariante ohne lange Ruhezeit lautet folgendermaßen:
400 ml Wasser mit 6 bis 7 Kastanien (je nach Größe) in den Mixer geben und pürieren. Das Ganze durch ein Tuch sieben, dieser Vorgang ist etwas mühselig und man sollte mit der Hand etwas nachhelfen. Die gefilterte Flüssigkeit nun komplett in die Maschine (Waschpulverfach) geben.
Wenn Sie das ganze Jahr mit Rosskastanien waschen möchten, sammeln Sie entsprechend viele Kastanien und schneiden Sie sie zum Trocknen klein. Gut getrocknet, können Sie die Rosskastanien in einem Stoffbeutel bis zur nächsten Saison aufbewahren und verwenden.

Mit Efeu können Sie ebenfalls ein Waschmittel herstellen, denn auch dieses enthält Saponine.
Für eine Waschladung benötigen Sie:

ca. 30 g frische Efeublätter
300 ml Wasser
1 EL Natriumkarbonat (Na_2CO_3)

Im ersten Schritt zerkleinern Sie die Efeublätter. In der Zwischenzeit erhitzen Sie das Wasser. Geben Sie die zerkleinerten Efeublätter in einen hitzebeständigen Topf und schütten das heiße Wasser darüber. Rühren Sie anschließend das Natriumkarbonat ein und lassen das Ganze für mehrere Stunden ruhen. Anschließend wird alles durch ein Sieb in einen Behälter gegeben, welcher verschlossen werden kann (z. B. in ein Einmachglas oder ein älteres ausgespültes Gurkenglas) oder Sie geben es direkt in die Waschmaschine. Der Sud ist im Kühlschrank für mehrere Tage haltbar. Wer es gerne wohlriechend mag, gibt ein bis zwei Tropfen ätherisches Öl nach Wahl hinzu oder gibt das ätherische Öl einfach in das Weichspülfach der Waschmaschine.
Aus reinen Efeublättern können Sie ein Waschmittel, besonders für Feinwäsche oder Wolle herstellen. Für einen Waschgang benötigen Sie

nur eine Handvoll Blätter. Stecken Sie die Blätter einfach in einen Stoffbeutel, welchen Sie gut verschließen (zuknoten) können, und geben ihn mit in die Wäschetrommel zu der Wäsche, welche gewaschen werden soll.
Dasselbe kann man übrigens auch mit Ahornblättern machen.

Spülmittel

Wir dürfen natürlich auch nicht den Wasser- und Fressnapf unseres Schützlings vergessen. Auch diese sollten regelmäßig gereinigt werden. Ein Spülmittel hierfür können Sie selbst herstellen.

Hierfür benötigen Sie:

- 10 große Efeublätter
- 4 - 5 Kastanien (je nach Größe)
- ½ TL Natriumkarbonat (Na_2CO_3)
- 250 g Wasser

Im ersten Schritt zerkleinern Sie die Efeublätter und hacken die Kastanien klein. In der Zwischenzeit erhitzen Sie das Wasser. Geben Sie die zerkleinerten Efeublätter mit den zerhackten Kastanien in einen hitzebeständigen Topf und schütten das heiße Wasser darüber. Rühren Sie anschließend das Natriumkarbonat ein und lassen das Ganze für mehrere Stunden ruhen. Anschließend wird alles durch ein Sieb in einen Behälter gegeben, welcher verschlossen werden kann, z. B. in ein Einmachglas oder ein älteres ausgespültes Gurkenglas. Die Menge reicht für 2 bis 3 Anwendungen. Der Sud ist im Kühlschrank für ca. eine Woche haltbar.

Sollten Sie einen Hund beherbergen, welcher Urin verliert oder aus anderen Gründen „unsauber" ist, können Sie selbst ein Reinigungsmittel herstellen, welches sich übrigens für die Reinigung einer Katzentoilette und auch Ihrer Toilette ebenfalls sehr gut eignet und gleichzeitig die Umwelt schont.

Bringen Sie einen Liter Wasser in einem Topf zum Kochen. Reiben Sie 30 g Ihrer selbst hergestellten Seife, nehmen Sie den Topf von der Kochstelle und geben die geriebene Seife in das kochende Wasser. Das Ganze wird nun gut vermischt, bis sich die Seife gelöst hat. Nachdem die Masse auf ca. 35-40 Grad abgekühlt ist, füllen Sie das Putzmittel in eine ausreichend große Flasche ab und geben Sie 30 Tropfen ätherisches Zitronenöl hinzu. Schütteln das Ganze noch einmal kräftig durch.
Zwei Esslöffel reichen aus, um eine Toilette, sowie ein Esslöffel, um eine Katzentoilette zu reinigen, oder geben Sie 2 Esslöffel des Mittels in einen

Putzeimer mit ca. 5 Liter warmem Wasser, um die verunreinigten Stellen zu putzen.

Mottenmittel

Sie möchten die Hundedecken oder -mäntel einlagern und diese vor Motten schützen?
Was Sie dafür benötigen, sind folgende Kräuter und Gewürze:
Baummoos, Gewürznelken, Sternanis und Lavendelblüten zu je gleichen Teilen.
Zerkleinern Sie die Zutaten und stecken alles in ein Baumwollsäckchen. Legen Sie dieses zwischen die Decken oder Mäntel.

Schlusswort

Liebe Hundefreunde,
ich hoffe, dass Sie genauso viel Freude bei der Herstellung der verschiedenen Produkte haben, wie ich.
Wer sich intensiver mit Kräutern und deren Wirksamkeit beschäftigen möchte, dem empfehle ich mein Buch „Kräutertees für Hunde“. Darin werden 80 Heilkräuter und Gewürze und deren Wirkungsweisen vorgestellt, wie Sie Tees zubereiten können, auch Teemischungen (Rezepte), wie Sie Kräuter selber sammeln, diese trocknen und aufbewahren können u. v. a. m.
Wer sich noch unsicher ist bei der Herstellung von Ölen, Salben oder Tinkturen kann gerne an einem Workshop in meiner Praxis teilnehmen.
Und wer seinen Hund gesund ernähren möchte, dem empfehle ich mein Buch „Buntes für den Hund“, darin werden verschiedene Gemüse, Obst und Kräuter genauer beschrieben.

Literaturverzeichnis

Bruno Artemisia annua Helden: ARTEMISIA ANNUA für Einsteiger. Independently published, 2019.

Engler, Elisabeth: Die besten Hausmittel selbst gemacht aus dem Thermomix: Kräutermedizin, Wickel und Heilsalben für die ganze Familie. Riva 2017.

Engler, Elisabeth: Heilpflanzen-Tinkturen. Wirksame Kräuterauszüge mit und ohne Alkohol selbst herstellen, 3. erw. und überarb. Auflage. CompBook Verlag, Kranzberg 2017.

Esch-Völkel, Sylvia: Kräutertees für Hunde. Sammeln, Konservieren, Lagern, Zubereiten – natürlich heilen. Kalidor-Verlag, Schönefeld 2018.

Jäger, Juliane: Naturkosmetik selber Machen. Eulogia Verlag GmbH, Hamburg 2021.

Kalbermatten, Hildegard/Kalbermatten, Roger: Pflanzliche Urtinkturen. Wesen und Anwendung. 5. überarb. und erw. Auflage. AT Verlag, Baden und München 2011.

Klups, Ina-Maria: mixtipp: Heilmittel: Hergestellt mit dem Thermomix. Mathias Lempertz GmbH, Königswinter 2017.

Köbel, Ilse: Naturseifen sieden leicht gemacht. Alle Rezepte für Anfänger, palmölfrei und vegan. Books on Demand, Norderstedt 2019.

Royant, Laëtitia: Haushaltsreiniger, Pflegeprodukte & Co.: Natürlich, ökologisch, selbst gemacht ... Leopold Stocker Verlag, Graz 22015.

Nedoma, Gabriela: Das große Buch vom OXYMEL – Medizin aus Honig und Essig. Aesculus-Verlag 2019.

Nedoma, Gabriela: Heilsalben aus Wald und Wiese. Einfach selbst gemacht. Servus bei Benevento Publishing, Salzburg 2015.

Simonsohn, Barbara: Zistrose. Immunschutz und Entgiftung aus der Natur, Kompakt. Mankau Verlag GmbH, Murnau a. Staffelsee 2021.

Stern, Cornelia: Gemmotherapie. Grundlagen – Indikationen – Behandlung. Haug-Verlag, Stuttgart 2019.

Trippl, Andrea: Bartflechte, Isländisch Moos & Co. Leopold Stocker Verlag, Graz 2019.